JN267815

マイベルク
ファヘンアウア

工科系の数学

6　関数論

高見穎郎訳

サイエンス社

Höhere Mathematik 1 second ed., 2
Meyberg・Vachenauer

Copyright © 1993, 1991 by Springer-Verlag, Inc. All rights reserved. Authorized translation from German language edition published by Springer-Verlag, Inc.

本書は株式会社サイエンス社がシュプリンガー・フェアラーク社との契約により，そのドイツ語版原著を翻訳したものでこの日本語版はサイエンス社がその翻訳著作権を所有し，かつこれに付随するすべての権利を保有する．

サイエンス社のホームページのご案内
http://www.saiensu.co.jp
ご意見・ご要望は rikei@saiensu.co.jp まで．

訳者まえがき

　この本は Kurt Meyberg と Peter Vachenauer との共著になる "Höhere Mathematik 1 (2nd ed.), 2" (1993, 1991)(Springer-Verlag) の翻訳である.
　本書に述べられている内容は，数，ベクトル，関数，微積分（1変数，多変数），級数，線形代数，微分方程式（常，偏），フーリエ解析，複素関数論，変分法に関する古典的・基礎的な事柄——いわゆる古典解析学——である．原著の「初版への序」によれば，これは著者の所属するミュンヘン工科大学での一般工学，物理学，数理工学，情報科学などを修める学生への4学期間にわたる数学の基礎講義をまとめたものということである．原著序文には「工学」という言葉がしばしば出て来るが，内容的には，狭い意味の工学にたずさわる人だけに限らず，数学を道具として使って仕事をしようという，もっと広い範囲の人にとっても極めて役に立つ本と思われる．
　この種の書物は，程度に差はあれすでにいくつか出版されている．それらと比べてみると，本書は目先の応用とは正反対に，特に基礎的な部分では，数学的な考え方・扱い方の重要性や効用を，豊富な例を用いて時にはくどいと感じられるほど丁寧に述べている点が印象的である．また，コンピュータの使用も考慮し，計算のアルゴリズムを分かりやすくするためのプログラムを挿入するなどの工夫をこらして書かれているという点で，これまでの書物には見られなかった新しさが感じられる．
　ただ，本文中に掲げてある数値計算プログラムの言語 Basic は，現在わが国で流布している Basic とは少し異なっており，そのままでは計算することができない．N88 Basic あるいは QuickBasic などに書き換えることも検討したが，どの Basic に書き換えるかも問題である．また，数値計算プログラムを掲げた原著者の意図は主にアルゴリズムを示すことにあると思われる．その点では原著のプログラムは非常に優れているので，結局原著のまま掲載することにした．

(なお，原著第1巻（第2版）では，さらにPascalに翻訳したプログラムがつけ加えられており，これはそれぞれ訳書第1～4巻の終りに掲載してある.)

原著は1000ページをこえる大著で，全13章を2巻にまとめてある．しかし翻訳はページ数の関係で8分冊とした．本書には例題や練習問題が豊富で，基礎的なものから，具体的・実際的なもの，時にはかなり高度なものまで含まれている．本文を読むだけでなく，これらをできる限り手を動かしてやってみることをおすすめする．読者の便宜を考えて，翻訳では各巻末に練習問題の略解をつけておいた．

翻訳は3名が別掲（目次の後）のように分担した．用語はできるだけ統一するようにした．

なお，原著には確率・統計に関する章のないことが惜しまれる．そのため，特に，飯塚悦功教授（東京大学工学部）にこの項目についてご執筆いただき，本書のいわば別巻という形で出版するようにした．これもあわせて読まれることを期待している．

最後に，新しい時代の科学・工学の基礎とするにふさわしい内容と性格をもつ本書を取り上げ，その翻訳を計画された荒井秀男氏（当時サイエンス社勤務）の御明察と，複数の訳者の足並みを揃え，表現やスタイルの統一をはかるなど極めて煩雑な作業を快く引受けて出版にまで漕ぎつけてくださったサイエンス社の田島伸彦氏の御尽力に心から感謝する．

1996年8月

訳者　高見穎郎
薩摩順吉
及川正行

なお，本巻の練習問題の解答作成には，
　　佐々木良勝氏，竹縄知之氏，津田照久氏，野辺厚氏，米田仁氏
のご協力をいただいた．ここに謝意を表す．

第2版への序

　この本が非常に好意的に受け入れられたため，改訂に当たって題材の選択や表現に関してはほとんど手を入れなかった．ただ文章の細かい修正は行い，証明を平易にし，誤植を改めた．また，本文中に散在するプログラムを，大学院学生 R. Knäulein 女史に，最近のプログラミング教育の傾向に合わせて Pascal 言語に翻訳してもらい，それを付録としてつけ加えた．

　これまでに寄せられた数多くのご忠告に心から感謝すると共に，今後も改訂のご意見を何なりと寄せていただければ有難いと思っている．

　1992 年 11 月　ミュンヘンにて

Kurt Meyberg
Peter Vachenauer

初版への序

　この教科書は，ミュンヘン工科大学における機械工学コースと電気工学コースの技師を対象とする高等数学の講義と演習から生まれた．そして第一の目標として，一般工学およびその他の物理系工学（物理学，数理工学，情報科学など）の学生への 4 学期にわたる基礎講義を教科書の形にまとめたものである．

　現代の工学では，絶えずより広く深い知識が要求されていく．そのため，いくつかの箇所では基礎課程で通常は扱わない題材にまで立ち入ったり，またテーマによっては講義でできる程度をこえてくわしく述べたところもある．特に第 6 章でベクトル空間という抽象的な世界に踏み込んでいる点や，どの章においても最重要な数値的側面に大きな考慮をはらっている点がそれである．したがっ

て，この本はもっと上級の学生の勉強のためにも，また具体的な問題と取り組んでいる人達の参考書としても役に立つであろう．第1章で述べたベクトル計算，特に束縛ベクトルの扱いは応用力学の要求に合わせたものであって，それ以外のコースでは短縮または省略してもよい．一方，すでに基礎課程のうちに，代数的および数値的方法には十分な考慮をはらうことが必要である．第6章の線形代数は，それより前の章とは独立しているので，もっと前に移すことも可能で，場合によっては第2-5章と平行して読むこともできる．

具体的な問題を扱う人にとっては，数学というのは，内容の理解だけでなくそれから得られる結果も大切である．そのような人達にとっては数学のもつアルゴリズムの面が特に重要であることを考え，この本では，詳細な計算スキームを枠で囲って示すなどして，アルゴリズムがはっきり見渡せるよう配慮した．その中には具体的な問題を解く手順などを整理して示してあるから，特に試験の準備のための復習書として役に立つであろう．

さらに，テストずみのアルゴリズムに基づくプログラムを多数挿入した．これらのプログラムはGfA-Basic言語で表記することにした．というのは，この言語でならば基礎になっているアルゴリズムが特にわかりやすく，また，プログラミングに少しでも慣れた人ならばもっと高級な言語に翻訳することが容易だからである．このプログラムの使用にあたっては，第一には電卓または小型計算機を想定している．物理学や工学の数学的モデルをうまく使いこなすには，出来あいの処方を応用することができるだけでは十分でない．数学的な基礎の知識とそれを使う多様な方法を知ることが不可欠である．そのため，本質的に重要な証明はすべて本文で行なってある．初心者は，最初に通読する際にはこれらの証明の一部と＊印をつけた小節を省略してもよい．むしろ多数の詳しい計算例や比較的簡単な練習問題にあたってみるのがよい．少し熟練を積んだ読者にとっては，高度な証明の厳密な表現の重要さがわかるであろう．そのような読者はもっとむずかしい練習問題に挑戦してみるとよい．

著者はミュンヘン工科大学の同僚や研究者仲間にたいへん感謝している．この人たちの協力，有益な助言，理工系の数学の内容や表現に関する数々の討論のおかげでこの本は出来上がった．特にChr. Reinsch教授，H.J. Kroll教授，S. Walcher博士，および数学ディプロムのM. Binder, H. Gradl, R.

Niemczyk, St. Sautter, A. Hundemer の諸氏には，原稿に目を通して誤植を見つけ，改良のための有益な助言をいただいたことを感謝する．

そのほかに，大学院生 I. Abold 女士には版下の作成に関して特別のお世話になったことを感謝する．また，図の作成については K. Ehrlenspiel 教授，大学院生 R. Mattuschat 氏，学生 T. Eris, K. Mattuschat 氏，大学院生 A. Schramm 女士，Chr. Vachenauer の方々にお世話になった．

最後にシュプリンガー書店，特に J. Heinze 博士の協力に感謝する．

1989年9月　ミュンヘンにて

Kurt Meyberg,
Peter Vachenauer

目　　次

訳者まえがき ……………………………………………………… i
第2版への序，初版への序 ……………………………………… iii

第10章　関　数　論 …………………………………… 1

§1.　複素平面における点集合 ………………………… 1
　1.1　複　素　平　面 ……………………………………… 1
　1.2　領　　　　域 ………………………………………… 3
　1.3　境界点，集積点 ……………………………………… 4
　1.4　数　　　　列 ………………………………………… 6
　1.5　数球面；点 ∞ ………………………………………… 7
　練習問題 …………………………………………………… 8

§2.　初　等　関　数 ……………………………………… 11
　2.1　関数，写像 …………………………………………… 11
　2.2　極限値，連続性 ……………………………………… 15
　2.3　複素指数関数 ………………………………………… 17
　2.4　複素対数関数 ………………………………………… 18
　2.5　一般のべき …………………………………………… 20
　2.6　三　角　関　数 ……………………………………… 21
　2.7　双曲線関数 …………………………………………… 23
　2.8　平方根 $w = \sqrt{z}$ …………………………………… 23
　2.9　n　乗　根 …………………………………………… 25
　練習問題 …………………………………………………… 25

§3.　1次分数関数 ………………………………………… 27
　3.1　1次分数関数——メービウス変換 …………………… 27
　3.2　円円対応性，等角性，向き不変性 ………………… 28

3.3	6点公式	30
3.4	対称点	33
	練習問題	37

§4. べき級数 …………………………………………… 40

4.1	無限級数	41
4.2	べき級数	42
4.3	一様収束	43
	練習問題	44

§5. 微分，解析関数 …………………………………… 46

5.1	定義と演算則	46
5.2	コーシー–リーマンの方程式	48
5.3	導関数の幾何学的意味	50
5.4	導関数の物理的意味：複素ポテンシャル	52
	練習問題	56

§6. 積　　分 …………………………………………… 60

6.1	基　　礎	60
6.2	積分の演算則	66
6.3	コーシーの積分定理	67
6.4	コーシーの積分公式	71
6.5	境界上の関数値だけで内部の関数値が決まること	73
	練習問題	74

§7. コーシーの積分公式の応用 ……………………… 76

7.1	準備――幾何級数を用いた巧妙な計算	76
7.2	解析関数のテイラー級数	78
7.3	代数学の基本定理	81
7.4	解析関数の平均値の性質	82
7.5	最大値原理	82
	練習問題	84

§8. 調和関数とディリクレ問題 ……………………… 87

8.1	調和関数	87

- 8.2 調和関数から複素ポテンシャルを求める具体的な方法 … 89
- 8.3 調和関数の平均値の性質 …………………………… 90
- 8.4 調和関数に対する最大値原理 ……………………… 91
- 8.5 ディリクレ問題 ……………………………………… 92
- 8.6 任意の領域におけるディリクレ問題の解 ………… 95
- 練習問題 ……………………………………………… 99

§9. ローラン級数と特異点 …………………………… 103

- 9.1 ローラン展開 ………………………………………… 103
- 9.2 ローラン展開の方法 ………………………………… 106
- 9.3 孤立特異点 …………………………………………… 110
- 9.4 除去可能な特異点 …………………………………… 112
- 9.5 極 ……………………………………………………… 113
- 9.6 真性特異点 …………………………………………… 115
- 9.7 渦なしの流れへの応用 ……………………………… 116
- 9.8 z-変換 ………………………………………………… 117
- 練習問題 ……………………………………………… 120

§10. 留数の理論 …………………………………………… 123

- 10.1 留数定理 ……………………………………………… 123
- 10.2 留数を計算する方法 ………………………………… 124
- 10.3 留数定理の応用例 …………………………………… 127
- 10.4 留数定理を用いる実積分の計算 …………………… 128
- 10.5 零点と極の個数を数える積分 ……………………… 134
- 練習問題 ……………………………………………… 139

練習問題の略解 ……………………………………………… 143

索 引 ………………………………………………………… 180

マイベルク，ファヘンアウア
工科系の数学 全8巻と別巻の構成(平均200頁)

第1巻　数，ベクトル，関数　　　　　訳者　高見穎郎
　第1章　数とベクトル
　第2章　関数，極限値，連続性　（練習問題解答）

第2巻　微分積分　　　　　　　　訳者　高見穎郎，薩摩順吉
　第3章　微　　分
　第4章　積　　分
　第5章　べき級数　（練習問題解答）

第3巻　線形代数　　　　　　　　　　訳者　薩摩順吉
　第6章　線形代数　（練習問題解答）

第4巻　多変数の微積分——ベクトル解析　　訳者　及川正行
　第7章　多変数関数の微分
　第8章　多変数関数の積分　（練習問題解答）

第5巻　常微分方程式　　　　　　　　訳者　及川正行
　第9章　常微分方程式　（練習問題解答）

第6巻　関数論　　　　　　　　　　　訳者　高見穎郎
　第10章　関数論　（練習問題解答）

第7巻　フーリエ解析　　　　　　　　訳者　及川正行
　第11章　フーリエ解析　（練習問題解答）

第8巻　偏微分方程式，変分法　　　　訳者　及川正行
　第12章　偏微分方程式
　第13章　変分法　（練習問題解答）

別巻　確率と統計　　　　　　　　　　著者　飯塚悦功

記 号 表

1 ギリシア文字

アルファ	α A	イータ	η H	ニュー	ν N	タウ	τ T
ベータ	β B	シータ	θ Θ	グザイ	ξ Ξ	ウプシロン	υ Υ
ガンマ	γ Γ	イオタ	ι I	オミクロン	o O	ファイ	ϕ Φ
デルタ	δ Δ	カッパ	κ K	パイ	π Π	カイ	χ X
イプシロン	ε E	ラムダ	λ Λ	ロー	ρ P	プサイ	ψ Ψ
ゼータ	ζ Z	ミュー	μ M	シグマ	σ Σ	オメガ	ω Ω

2 主な集合

$\boldsymbol{N} = \{1, 2, 3, 4, \cdots\}$ 　　自然数の全体

$\boldsymbol{N}_0 = \boldsymbol{N} \cup \{0\}$ 　　自然数全体に 0 をつけ加えた集合

$\boldsymbol{Z} = \{0, 1, -1, 2, -2, 3, -3, \cdots\}$ 　　整数全体

$\boldsymbol{Q} = \left\{ \dfrac{m}{n} \mid m, n \in \boldsymbol{Z}, n \neq 0 \right\}$ 　　有理数全体

$\boldsymbol{R}$ 　　実数全体

$\boldsymbol{R}^n$ 　　n 個の実数を成分とする列ベクトルの全体

$\boldsymbol{R}_n$ 　　n 個の実数を成分とする行ベクトルの全体

$\boldsymbol{R}^{m \times n}$ 　　m 行 n 列の実行列の全体

$\boldsymbol{C} = \{x + iy \mid x, y \in \boldsymbol{R}\}$ 　　複素数の全体

P_n 　　n 次以下の実係数多項式の全体

$C^0(D, \boldsymbol{R})$ 　　$\boldsymbol{R}^n$ の部分集合 D 上で定義された実数値連続関数の全体

$C^k(D, \boldsymbol{R})$ 　　$\boldsymbol{R}^n$ の部分集合 D 上で定義された k 回連続微分可能な実数値関数の全体

第10章 関 数 論

　この章では複素数を独立変数とする複素数値関数の理論（複素関数論，あるいは簡単に関数論という）について述べる．実関数の重要な性質は，$\boldsymbol{R}$ から $\boldsymbol{C}$ に移ってみるとはじめてよく見えるようになる．例えば第 2 章，2.7 では多項式で表わされる関数の正確な構造が，また第 9 章，§9 では線形微分方程式の解法が，そのようにして明らかになった．さらに，複雑な実積分の計算を，積分路を曲げて複素平面内にとることによって著しく簡単にすることができる（→ 10.4）．関数論はまた，流体力学や電磁気学に現われる実の 2 次元ポテンシャルを扱うのに適した理論の枠組みを与えるものである．

§1. 複素平面における点集合

1.1 複素平面 (→ 第 1 章, §8)

実数の対で，加算
$$(x, y) + (u, v) := (x + u, y + v)$$
と乗算
$$(x, y)(u, v) := (xu - yv, xv + yu)$$
が定義されるものすべての集合を**複素数体**とよび，記号 $\boldsymbol{C}$ で表わす．$\boldsymbol{C}$ の要素 $z = (x, y)$ を
$$z = x + iy$$
と書き，$\operatorname{Re} z := x$ を z の**実部**，$\operatorname{Im} z := y$ を z の**虚部**という．この記法では 2 つの複素数の和と積は
$$(x + iy) + (u + iv) = (x + u) + i(y + v),$$
$$(x + iy)(u + iv) = (xu - yv) + i(xv + yu)$$

と書き表わすことができる.

零でない複素数 $z = x + iy \neq 0$ に対しては，その逆数
$$\frac{1}{z} = z^{-1} = \frac{x}{x^2 + y^2} - i\frac{y}{x^2 + y^2}$$
が必ず存在する．2つの複素数の和と積は，実数の場合と同じように計算した上で，i^2 が出てきたら $i^2 = -1$ と置けばよい．$(x, 0) = x + i0$ のことを簡単に $x\,(\in \boldsymbol{R})$ と書くことにして，実数を複素数の部分集合とみなす．直角座標をそなえた実の平面を考えたとき，その上の点 (x, y) を複素数とみなす場合にはその平面を**複素平面**と名づけ，x 軸を**実軸**，y 軸を**虚軸**とよぶ．2つの複素数の和をつくる演算は，それぞれの点が表わす位置ベクトルのベクトル和をつくることに対応する．

複素数 $z = x + iy \in \boldsymbol{C}$ に対して，その**共役複素数**を $\bar{z} := x - iy$ と定義する．また z の**絶対値**（大きさ）を
$$|z| := \sqrt{z\bar{z}} = \sqrt{x^2 + y^2}$$
と定義する．これは点 (x, y) を表わす位置ベクトルの長さである．

零でない複素数 $z = x + iy \neq 0$ に対しては**極座標表示**（→ 第2章，§3）ができる：
$$z = r e^{i\varphi} = r(\cos \varphi + i \sin \varphi).$$
ここで
$$r = |z|,\quad x = r \cos \varphi,\quad y = r \sin \varphi$$
であって，**偏角** $\arg z := \varphi$ は 2π の整数倍だけの差を除けば一意に定まる．その中で区間 $-\pi < \varphi \leqq \pi$ にあるものを偏角の**主値**とよんで $\mathrm{Arg}\, z$ と書く．すなわち，$|z| \neq 0$ の場合には，φ の主値は逆コサイン関数の主値を使って，
$$\varphi = \mathrm{Arg}\, z := \begin{cases} \arccos \dfrac{x}{r} & (y \geqq 0) \\[2mm] -\arccos \dfrac{x}{r} & (y < 0) \end{cases}$$
の式で計算される．$z = 0$ に対しては偏角は存在しない．

さて $z = r e^{i\varphi},\ w = s e^{i\psi}$ とすれば $zw = rs\, e^{i(\varphi + \psi)}$ である．これからわかるように，2数を掛け合わせることは幾何学的には伸縮・回転を行なうことで

ある（第2章, 3.4）．さらにこのことから，複素数
$$z = x + iy = re^{i\varphi} \neq 0$$
には互いに異なるちょうど n 個の **n 乗根**（方程式 $w^n - z = 0$ の解）：
$$w_k = \sqrt[n]{r}\, e^{i\left(\frac{\varphi}{n} + \frac{2k\pi}{n}\right)}, \quad k = 0, 1, \cdots, n-1$$
が存在することがわかる．

1.2　領　　域

複素平面は幾何学的には実平面と区別がない．複素平面における集合 $D \subseteq \boldsymbol{C}$ が**開いている**（開集合である），**閉じている**（閉集合である），**有界である**，などとは，D を実平面 $\boldsymbol{R}^2$ の集合と見たとき開いている，閉じている，有界である，などの意味であるとする．

2数 $z, a \in \boldsymbol{C}$ に対して，$|z - a|$ はこの2数に対応する2点の間の距離である．点 a を中心とする半径 $r\,(>0)$ の開円板（a の **r-近傍**ともいう）とは
$$K_r(a) := \{ z \in \boldsymbol{C} \mid |z - a| < r \}$$
のことである．

集合 $D \subseteq \boldsymbol{C}$ が開集合であるというのは，任意の数 $a \in D$ に対して $K_r(a) \subseteq D$ を満たす正数 $r = r(a)$ が存在するということである．集合 D が**連結**であるというのは，D から取り出した任意の2数が D の中に完全に含まれている折線で結ぶことができるということである．空でなくて連結な開集合 $G \subseteq \boldsymbol{C}$ のことを**領域**という．

領域の例

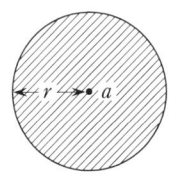

a）　r-近傍 $K_r(a)$

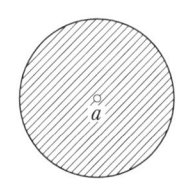

b）　「点を除いた」r-近傍
　　　左：$K_r(a) \setminus \{a\}$，　右：$K_r(a) \setminus \{z_1, \cdots, z_4\}$

図124

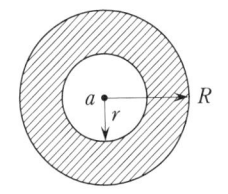

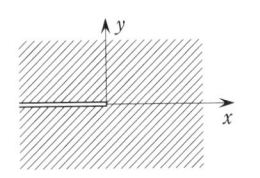

a) 円環 $r<|z-a|<R$ b) 「切れ目を入れた」平面 $C \setminus \{x \in \mathbf{R} \mid x \leq 0\}$

図 125

次のものは領域ではない.
$\{z \in \mathbf{C} \mid |z-a| \leq r\}$ （開集合でない），
$\{z \in \mathbf{C} \mid |z-1| < 1\} \cup \{z \in \mathbf{C} \mid |z-5| < 1\}$ （連結でない）. □

領域 G は，完全にその中だけを通っている任意の閉曲線の内部が G に属しているとき，**単連結**であるという．これは直観的には G に穴があいていないということである.

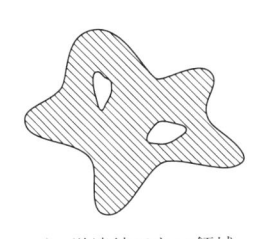

a) 単連結でない領域 b) 単連結な領域

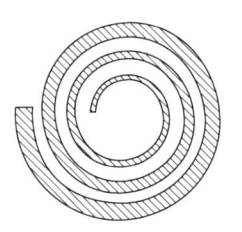

図 126

1.3 境界点，集積点

点 a が集合 $D \subseteq \mathbf{C}$ の**境界点**であるというのは，a のどんな r-近傍も D に属する点と属さない点とを同時に含んでいることをいう．D の**境界**（すなわち D のすべての境界点の集合）を記号 ∂D で表わすことにすると，例えば，
$$\partial K_r(a) = \{z \in \mathbf{C} \mid |z-a| = r\}$$
である.

境界点は必ずしももとの集合に属しているとは限らない．開集合 $D \subseteq \boldsymbol{C}$ の境界点はどれも D に属さない．$\partial D \subseteq D$ の場合には D は閉集合である．任意の集合 $D \subseteq \boldsymbol{C}$ について，その**閉包**

$$\bar{D} := D \cup \partial D$$

は閉じている．D に属する点 a は，a 以外には D の点を含まないような r-近傍 $K_r(a)$ $(r > 0)$ が1つでも存在するときに**孤立点**であるという．孤立点はすべて境界に属している．孤立点以外の点というのは，直観的にはぎっしり寄り集まっている点だと思えばよい．

点 $a \in \boldsymbol{C}$ (a は $D \subseteq \boldsymbol{C}$ に属していてもいなくてもよい) が D の**集積点**であるというのは，a のどのような r-近傍をとっても，その中に a とは異なる D の点が少なくとも1個は含まれているということである．D の中に含まれている線分（どんなに短いものであっても）の点はすべて集積点である．集合 $D \subseteq \boldsymbol{C}$ は，もし $D \subseteq K_r(a)$ であるような $a \in \boldsymbol{C}$ と $r > 0$ とが存在するならば**有界**であるという．閉じていて有界な集合は**コンパクト**であるという．閉じた円板

$$\overline{K_r(a)} = \{z \in \boldsymbol{C} \mid |z - a| \leq r\}$$

はコンパクトである．コンパクトでない集合としては，例えば

$H := \{z \in \boldsymbol{C} \mid \operatorname{Im} z \geq 0\}$ （有界でない），

$R := \{x + iy \in \boldsymbol{C} \mid |x| < 7, |y| \leq 25\}$ （閉じていない）

などがある

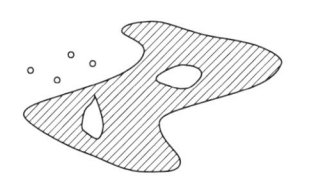

a) 4個の孤立した境界点　　　　b) 集積点（中央のものだけ）

図 127

1.4 数　　列

各 $n \in \boldsymbol{N}_0$ に複素数 z_n を対応させると1つの複素数列 $(z_n)_{n \geqq 0} = (z_0, z_1, z_2, \cdots)$ が得られる.

定義. 任意の $\varepsilon > 0$ を与えたとき番号 $N(\varepsilon)$ が存在し，すべての $n \geqq N(\varepsilon)$ に対して

$$|z_n - z| < \varepsilon$$

であるならば，複素数列 $(z_n)_{n \geqq 0}$ は極限値 $z \in \boldsymbol{C}$ に収束するという．そして，そのことを

$$\lim_{n \to \infty} z_n = z \quad \text{または} \quad z_n \to z \quad (n \to \infty)$$

と書く．□

直観的には，これは z のどんな近傍を考えても，ある番号からあとの項がすべてそこにはいってしまう（$z_n = z$ であってもよいとする），という意味である．定義から

(1) $$\lim_{n \to \infty} z_n = z \iff \lim_{n \to \infty} |z_n - z| = 0$$

である．したがって，$|z_n - z|^2 = (x_n - x)^2 + (y_n - y)^2$ の関係によって

(2) $$\lim_{n \to \infty} z_n = z \iff \begin{cases} \lim_{n \to \infty} (\operatorname{Re} z_n) = \operatorname{Re} z, \\ \lim_{n \to \infty} (\operatorname{Im} z_n) = \operatorname{Im} z \end{cases}$$

が得られる．このことから，第2章，§4の結果や方法を使うことができる．すなわち，(1)と(2)によって——あるいは直接に——次のほとんど当然と思われる計算規則が証明できる:

(3) $\lim_{n \to \infty} z_n = z, \ \lim_{n \to \infty} w_n = w \implies \begin{cases} \lim_{n \to \infty} (z_n \pm w_n) = z \pm w, \\ \lim_{n \to \infty} (z_n w_n) = zw, \\ \lim_{n \to \infty} \dfrac{1}{z_n} = \dfrac{1}{z} \ (z \neq 0), \ \lim_{n \to \infty} |z_n| = |z|. \end{cases}$

収束する数列の極限値はもちろん一意に定まる（→ 第2章，定理4.1）．しかし，$z_n \in D \subseteq \boldsymbol{C} \ (n \geqq n_0)$ であるからといって極限が D の中にあるとは限

らない（例えば $z_n = \dfrac{1}{n}$, $D = K_1(0) \setminus \{0\}$ の場合）．次の定理を見れば，推論の中で集積点を使う"こつ"がのみこめるであろう．

定理 1.1． $z \in \boldsymbol{C}$ が集合 $D \subseteq \boldsymbol{C}$ の集積点であるというのは，$z_n \neq z$ であるような数列 $z_n \in D$ ($n = 0, 1, 2, \cdots$) が存在し，$\lim\limits_{n \to \infty} z_n = z$ であるということである．

証明． z を集積点とすれば，その近傍 $K_{1/n}(z)$ は 1 点 $z_n \in D$, $z_n \neq z$ を含む．明らかに $z_n \to z$ である．逆に $z_n \neq z$ かつ $z_n \to z$ とすれば，z のどんな ε-近傍の中にも z とは異なるこの数列のほとんどすべての項が含まれていることになる．□

1.5 数球面；点 ∞

通常，「無限遠点」∞ を追加して複素数を拡張する．こうすると都合のよいことが出てくる．こうして拡張した平面
$$\overline{\boldsymbol{C}} := \boldsymbol{C} \cup \{\infty\}$$
では，$K_r(\infty) = \{z \in \boldsymbol{C} \mid |z| > r\} \cup \{\infty\}$ を ∞ の r-近傍と考える．加法と乗法は部分的には $\overline{\boldsymbol{C}}$ にそのまま拡張される．$a \in \boldsymbol{C}$, $a \neq 0$ に対しては
$$\frac{a}{0} := \infty, \quad \frac{a}{\infty} := 0$$
と定義する．こうしておけばいろいろな場合分けをしないですむことが多い．しかし
$$0 \cdot \infty, \quad \frac{\infty}{\infty}, \quad \frac{0}{0}, \quad \infty + \infty$$
などの表現は定義されない．

点 ∞ は立体射影とごく自然に関係づけられる．まず，$\boldsymbol{C}$ を $\boldsymbol{R}^3$ における平面 $x_3 = 0$ と同一視して，これを「北極」$N = (0, 0, 1)$ から単位球面 $x_1^2 + x_2^2 + x_3^2 = 1$ の上に射影するのである．すなわち，複素数 $z = x + iy \in \boldsymbol{C}$ を，点 N と点 $P = (x, y, 0)$ を結ぶ直線とこの単位球面との交点 $z = (x_1, x_2, x_3)$ に対応させる．式で書けば

$$x_1 = \frac{2x}{x^2+y^2+1},$$

$$x_2 = \frac{2y}{x^2+y^2+1},$$

$$x_3 = \frac{x^2+y^2-1}{x^2+y^2+1}$$

である．これを逆に解けば

$$x + iy = \frac{x_1}{1-x_3} + i\frac{x_2}{1-x_3}$$

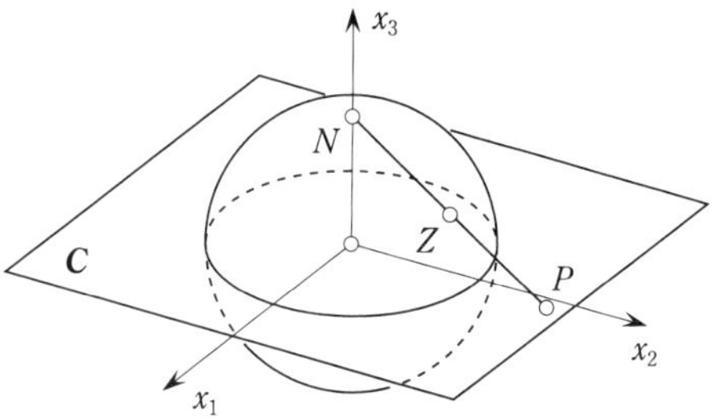

図 128　数球面

となる．

　この対応に $N \longleftrightarrow \infty$ の対応を加えて拡張を行なえば，球面上のすべての点と拡張された複素平面 $\bar{\boldsymbol{C}}$ とが 1 対 1 に対応することになる．この球面（リーマン（G. F. B. Riemann, 1826–1866）の数球面）が $\boldsymbol{C} \cup \{\infty\}$ の幾何学モデルの役割を果たしている．点 ∞ の r-近傍は球面上では北極の近傍になるから，球面上の他の点の r-近傍と少しも異なるところはない．

練 習 問 題

1.　次の式から定まる点は z 平面のどの部分を占めるか．グラフで示し，それが曲線か，領域か，そのどちらでもないかを述べよ：
  a）　$z = (1+i) + \lambda(5-2i),\ \lambda \geqq 0.$
  b）　$|(1+i)z| = 5.$
  c）　$z = 3 - i + 5e^{i\varphi},\ \varphi \in \boldsymbol{R}.$
  d）　$z = it + \dfrac{1+i}{t},\ t \in \boldsymbol{R} \setminus \{0\}.$
  e）　$|z - 3| < 2|z + 3|.$
  f）　$\mathrm{Im}\, z \geqq -1.$
  g）　$\mathrm{Im}\,(z^2) \leqq 2.$
  h）　$\mathrm{Re}\,\dfrac{1}{z} = 1.$

i) $\mathrm{Im}\dfrac{z+1}{z-1} \leqq 2.$

j) $|z| + \mathrm{Re}\, z \leqq 1.$

k) $\arg(1+z^2) = 0.$

2. 次の複素数の実部，虚部，絶対値，偏角を求めよ：

a) $\dfrac{1+i}{1-(1+i)^2},\ \left(\dfrac{2i}{1-i}\right)^9,\ (1+i)e^{i\varphi},\ \varphi \in \mathbf{R}.$

b) $\dfrac{2-i}{3i+\overline{(1-i)^2}},\ \left(\dfrac{1+i}{1-i}\right)^{99},\ \left[\dfrac{1}{2}(1+i\sqrt{3})\right]^n,\ n=0,1,2,3,\cdots.$

3. 周波数 ω の交流電圧とそれによって生じる複素交流電流の関係は，複素 W 面の曲線 $W(\omega), \omega \geqq 0$ によって表わされる．図に示す2端子回路について（→第1章，8.4），複素抵抗 Z と複素アドミッタンス $Y = \dfrac{1}{Z}$ の曲線がおよそどのようなものであるかを述べよ．

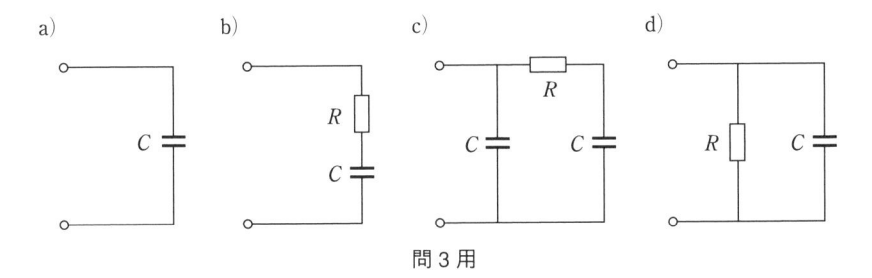

問3用

4. z 平面上の次の各集合を図示せよ．この中で領域はどれか．

a) $\{z \mid |z-1| > 1,\ |z-2| < 2,\ \mathrm{Im}\, z < 0\}.$

b) $\left\{z = re^{i\varphi} \mid 1 < r^2 \leqq 1+\tan^2\varphi,\ 0 < \varphi < \dfrac{\pi}{2}\right\}.$

5. 次の数列 $(z_n)_{n \in N}$ を図示し，集積点があればそれを示せ：

a) $z_n = \dfrac{1+i}{n}.$

b) $z_n = \dfrac{1}{n} + in.$

c） $z_n = e^{in\pi/4}$.

d） $z_n = e^{in}$.

6. 次の方程式の解をすべて求めよ：

a） $z^7 + 4 = 0$.

b） $z^6 + 64 = 0$.

7. もし $\operatorname{Re}\dfrac{z_1 - z_2}{z_3 - z_2} = 0$ ならば，点 z_1, z_2, z_3 は z_2 を直角の頂点とする直角三角形をつくる．このことを示せ．

8. 複素数 z_1, z_2, z_3, z_4 がある．z_1 から z_3 に向かう方向が z_2 から z_4 に向かう方向と直交するための条件を求めよ．

9. 複素 z 平面から $\boldsymbol{R}^3$ の単位球面
$$x_1^2 + x_2^2 + x_3^2 = 1$$
への立体射影（→1.5）は等角写像であって円を円に写像する．このことを球面のパラメータ表示
$$\boldsymbol{x}(u, v) = \frac{1}{u^2 + v^2 + 1}\begin{bmatrix} 2u \\ 2v \\ u^2 + v^2 - 1 \end{bmatrix}, \quad u, v \in \boldsymbol{R}$$
を用いて証明せよ：

a） **等角性**：すべての $u, v \in \boldsymbol{R}$ に対して
$$E = \boldsymbol{x}_u \cdot \boldsymbol{x}_u = G = \boldsymbol{x}_v \cdot \boldsymbol{x}_v, \quad F = \boldsymbol{x}_u \cdot \boldsymbol{x}_v = 0$$
が成り立つ（→第8章，4.1）．

b） **円－円写像性**：(u, v) 面内の同一円周上のすべての点は $\boldsymbol{R}^3$ における同一平面上の点に写像される．

10. 3個の複素数
$a = a_1 + ia_2,$
$b = b_1 + ib_2,$
$c = c_1 + ic_2$
がある．もし式
$a^2 + b^2 + c^2 = 0$
が成り立っているならば，その場合に限ってこの3数は次の立方体——座標原点 $(0, 0, 0)$ に頂点をもち，3辺を表わすベクトルが $\boldsymbol{a} = [a_1, a_2, a_3]^T, \boldsymbol{b} = [b_1, b_2, b_3]^T, \boldsymbol{c} = [c_1, c_2, c_3]^T$ である——の平面 $\boldsymbol{C}$ への垂直射影を表わしている．

問10用

11. 黒ひげとよばれた EDWARD TEACH はかつてカリブ族の中で最も恐れられた海賊であった．かれはいつも 6 挺のピストルを身につけ，獲物を TORTUGA の前にある孤島に埋めていた．TEACH が海上の戦いで死んでからずっと後になって，図のような宝島の地図が見つかった．

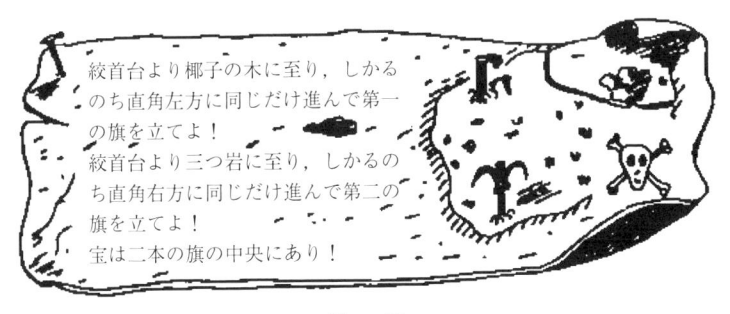

（地図：絞首台より椰子の木に至り，しかるのち直角左方に同じだけ進んで第一の旗を立てよ！　絞首台より三つ岩に至り，しかるのち直角右方に同じだけ進んで第二の旗を立てよ！　宝は二本の旗の中央にあり！）

問 11 用

椰子の木と 3 個の岩はまだそこにあったが，絞首台はとうの昔に撤去されていた．探索隊は，正しくない位置から歩き始めたかもしれないのに，最初の一掘りで宝の箱を掘り当てた．これは偶然だったのだろうか．宝はどこにあったのか．（複素数を用いて計算せよ！）

§2. 初 等 関 数

2.1 関数，写像

$D \subseteq \mathbf{C}$ とする．関数 $f : D \to \mathbf{C}$ というのは，各数 $z \in D$ にそれぞれちょうど 1 個の数 $f(z) \in \mathbf{C}$ を対応させる規則を表わすものである．すなわち

$$w = f(z), z \in D \quad \text{あるいは} \quad z \mapsto f(z), z \in D.$$

直観的な説明：z 平面上の f の定義域 D は f によって他の複素平面，例えば w 平面上の値域

$$f(D) = \{f(z) \mid z \in D\}$$

に写像される（図129）．この写像の詳細は，D における種々の曲線（例えば座標線）や幾何学的な図形の像を考えると直観的にわかりやすくなる．

12 第10章 関 数 論

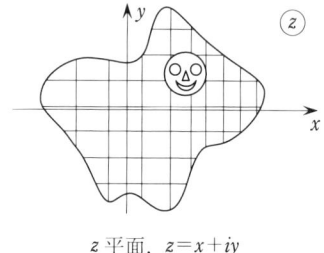

z 平面, $z=x+iy$

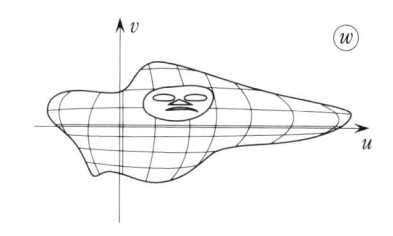

w 平面, $w=u+iv$

図 129

f を実部と虚部に分けて

(1) $$f(x+iy) = u(x,y) + iv(x,y)$$

と書いてみるとわかるように，複素関数はベクトル場の対応規則

(2) $$\begin{bmatrix} x \\ y \end{bmatrix} \mapsto \begin{bmatrix} u(x,y) \\ v(x,y) \end{bmatrix}$$

であると解釈することができる．また逆に，D の上のベクトル場の対応(2)は1つの関数(1)を定める．

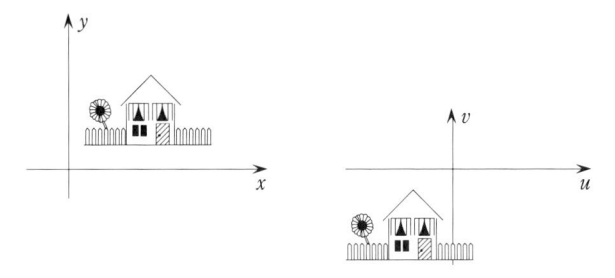

例1. 定数を加えること

$a \in \mathbf{C}$ とするとき，$f: \mathbf{C} \to \mathbf{C}$，$f(z) = z + a$ は平行移動を表わす：

$$\begin{bmatrix} x \\ y \end{bmatrix} \mapsto \begin{bmatrix} x+a_1 \\ y+a_2 \end{bmatrix} = \begin{bmatrix} x \\ y \end{bmatrix} + \begin{bmatrix} a_1 \\ a_2 \end{bmatrix} \quad (\to \text{第1章, §4}). \qquad \square$$

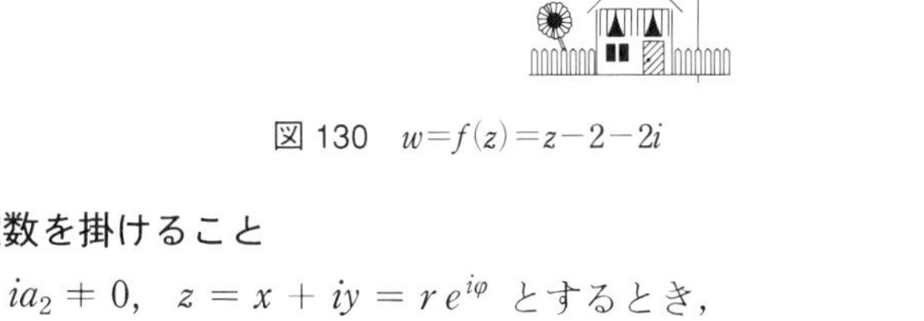

図 130 $w = f(z) = z - 2 - 2i$

例2. 定数を掛けること

$a = a_1 + ia_2 \neq 0$，$z = x + iy = re^{i\varphi}$ とするとき，

§2. 初等関数　13

$$z \mapsto w = az = (a_1 x - a_2 y) + i(a_1 y + a_2 x) = |a| \cdot r e^{i(\varphi + \arg a)}$$

は回転と拡大（縮小）を表わす．すなわち，w 平面における像は，z 平面の図形を点 0 のまわりに角 $\arg a$ だけ回転し，続いて 0 を中心として $|a|$ 倍に拡大（縮小）して得られる．つまり $w = az$ は

　　射線 $\arg z = \varphi_0$ を射線 $\arg w = \varphi_0 + \arg a$ に，
　　円 $|z| = r_0$ を円 $|w| = |a| \cdot r_0$ に

写像するのである．このことは対応する実変換 (2)

$$\begin{bmatrix} x \\ y \end{bmatrix} \mapsto A \begin{bmatrix} x \\ y \end{bmatrix}, \quad A = \begin{bmatrix} a_1 & -a_2 \\ a_2 & a_1 \end{bmatrix}$$

からもわかる．行列 $D = \dfrac{1}{|a|} A$ は回転行列（$D^T = D^{-1}$, $\det D = 1$）である．□

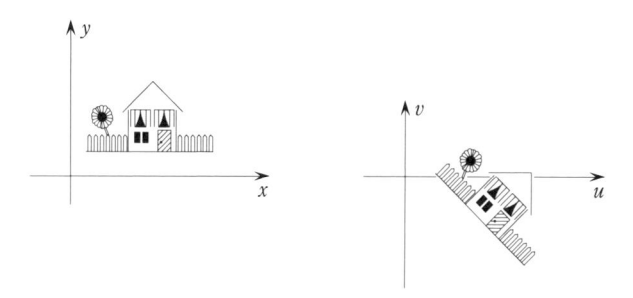

図 131　$w = f(z) = \dfrac{1}{\sqrt{2}}(1-i)z = e^{-i\frac{\pi}{4}} z$

例 3. 反転（逆数）

$z = x + iy = r e^{i\varphi} \neq 0$ とするとき

$$z \mapsto w = \frac{1}{z} = \frac{x - iy}{x^2 + y^2} = \frac{1}{r} e^{-i\varphi}$$

を考えてみよう．これは単位円周に対する鏡映（原点からの距離を逆数にする）と実軸に対する鏡映とをあわせたもの（図132）

$$z \mapsto w_1 := \frac{1}{r} e^{i\varphi} \mapsto \overline{w_1} = \frac{1}{r} e^{-i\varphi}$$

である．

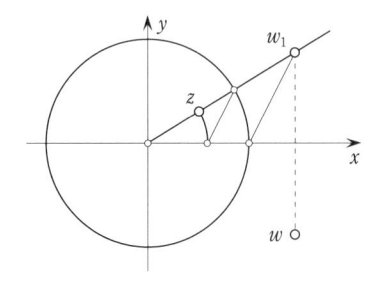

図 132　$|z|=1$ に対する反転

座標線 $x=$ 定数 あるいは $y=$ 定数 は，u 軸上あるいは v 軸上に中心をもち，原点を通る直交円群に写像される．すなわち

直線 $x=x_0$ は円周 $x_0(u^2+v^2)-u=0$ に，

直線 $y=y_0$ は円周 $y_0(u^2+v^2)+v=0$ に，

それぞれ移る（図133）．□

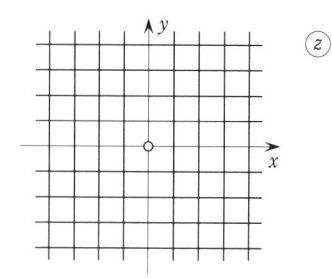

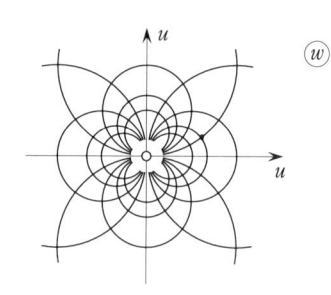

図 133　$w=f(z)=\dfrac{1}{z}$

例4．2乗

$z=x+iy=re^{i\varphi}$ とするとき
$$z \mapsto w=z^2=(x^2-y^2)+i(2xy)=r^2 e^{i2\varphi}$$
を考える．原点では角が2倍になる（$\arg w=2\arg z$）．

写像をこまかく調べると次のことがわかる：

射線 $\arg z=\varphi_0$ は射線 $\arg w=2\varphi_0$ に，

射線 $\arg z=\varphi_0+\pi$ は射線 $\arg w=2\varphi_0$ に，

円周 $|z|=r_0$ は円周 $|w|=r_0^2$ に（2重），

直線 $x = x_0 \neq 0$ は放物線 $v^2 + 4x_0^2 u = 4x_0^4$ に,
直線 $y = y_0 \neq 0$ は放物線 $v^2 - 4y_0^2 u = 4y_0^4$ に,
それぞれ移る（図134）．

逆に w 平面の座標線 $u = u_0 \neq 0$ と $v = v_0 \neq 0$ の原像は，どちらも z 平面上の双曲線である．すなわち

双曲線 $x^2 - y^2 = u_0$ は $u = u_0 \neq 0$ に,
双曲線 $2xy = v_0$ は $v = v_0 \neq 0$ に,
それぞれ移る（図134）． □

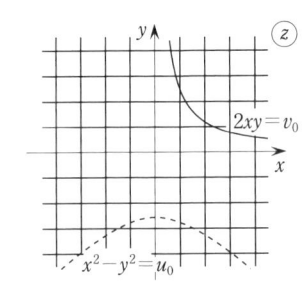

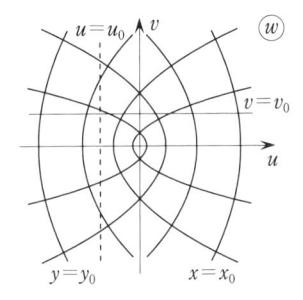

図 134　$w = f(z) = z^2$

2.2　極限値，連続性

実関数の場合と同様に定義される（→ 第7章, §2）.
$f : \boldsymbol{C} \supseteq D \to \boldsymbol{C}$ として，a は D の集積点であるとする．

定義． a) f が a において**極限値** c をもつことを，記号では，
$$\lim_{z \to a} f(z) = c, \quad \text{あるいは} \quad z \to a \text{ のとき} f(z) \to c$$
と書く，これは次の意味である：
任意の正数 ε に対して a の r-近傍 $K_r(a)$ が存在し，すべての $z \in D \cap K_r(a)$, $z \neq a$ に対して
$$|f(z) - c| < \varepsilon$$
が成り立つ．

b) $\quad f$ は $a \in D$ において連続である． $\iff \lim_{z \to a} f(z) = f(a)$．

c) f が D で連続であるとは，$a \in D$ の各点で f が連続であることをいう．

直観的な説明． 上の a) は幾何学的にいえば次のような内容のことである．$z \in D$ を a の十分小さい近傍の中にとるならば，関数値 $f(z)$ の全体を c の任意の近傍の中に入れることができる（図135）． □

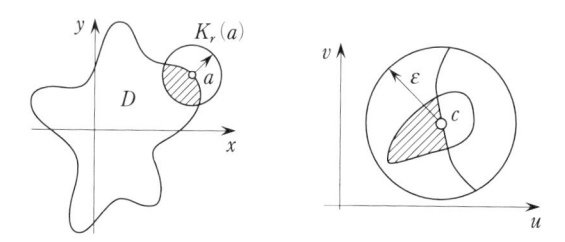

図 135 $f(z)$ の連続性

§1 の(2)から，$f(z) = u(x, y) + iv(x, y)$ に対して直ちに次のことがいえる：

$f : D \to \boldsymbol{C}$ は連続である． $\iff$ $u : D \to \boldsymbol{R}$ と $v : D \to \boldsymbol{R}$ がともに連続である．

このことによって，連続関数に対する演算則（→ 第2章，定理 6.3）がそのまま適用できる．特に，多項式関数
$$p(z) = a_n z^n + a_{n-1} z^{n-1} + \cdots + a_1 z + a_0, \quad a_i \in \boldsymbol{C}$$
はすべての $z \in \boldsymbol{C}$ において連続である．また有理関数
$$g(z) = \frac{p(z)}{q(z)} \quad (p, q \text{ は多項式})$$
は $q(z) \neq 0$ を満たすすべての $z \in \boldsymbol{C}$ において連続である（→ 第2章，定理 6.4）．最小値と最大値の定理に代わって次の定理が成り立つ（証明は省略する）：

§2. 初等関数　17

定理 2.1. $f: D \to \boldsymbol{C}$ は連続, $D \subseteq \boldsymbol{C}$ はコンパクトである.
$\Longrightarrow f(D)$ はコンパクトである. □

2.3 複素指数関数

この関数については第 9 章, 3.2 で触れた:

$$e^z = e^{x+iy} := e^x e^{iy} = e^x(\cos y + i \sin y), \quad z = x + iy \in \boldsymbol{C}.$$

すなわち $\operatorname{Re} e^z = e^x \cos y$, $\operatorname{Im} e^z = e^x \sin y$, $|e^z| = e^x$, $\arg e^z = y$ である. そして次の関係が成り立つ:

(3)
$$e^{z_1+z_2} = e^{z_1} e^{z_2}, \quad e^{z_1-z_2} = \frac{e^{z_1}}{e^{z_2}},$$

$$e^0 = 1, \quad e^{-z} = \frac{1}{e^z}, \quad e^z \neq 0 \quad (\text{すべての } z \in \boldsymbol{C} \text{ について}).$$

$$e^{\pi i} = -1, \quad e^{2\pi i} = 1, \quad e^{z+2k\pi i} = e^z \quad (z \in \boldsymbol{C}, k \in \boldsymbol{Z}),$$

すなわち複素指数関数は $2\pi i$ の基本周期をもつ.

写像 $z \mapsto w = e^z = e^x e^{iy}$ は

直線 $x = x_0$ を中心 0, 半径 e^{x_0} の円周に,

直線 $y = y_0$ を偏角 $\arg w = y_0$ の射線に,

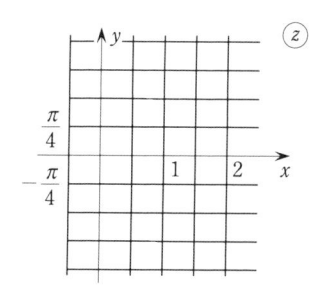

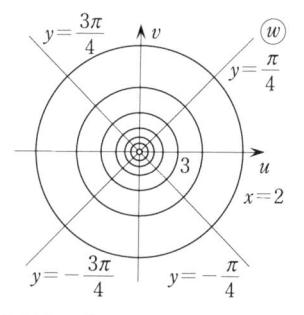

図 136　$w = e^z$, 座標線の像

帯状域 $y_0 < y \leqq y_0 + 2\pi$ を $\boldsymbol{C} \setminus \{0\}$ に順逆両方向に 1 対 1 に，それぞれ移す．

注意． $w = e^z$ は周期 $2\pi i$ をもつ関数であるから，z 平面上のどの帯状域 $S = \{x + iy \mid x \in \boldsymbol{R}, y_0 < y \leqq y_0 + 2\pi\}$ も原点を除いた全 w 平面に，順逆両方向に 1 対 1 に写像される．□

集合 $F := \{z \in \boldsymbol{C} \mid -\pi < \operatorname{Im} z \leqq \pi\}$（下の境界は F に属さないが上の境界は F に属す）のことを**基本帯状域**という．

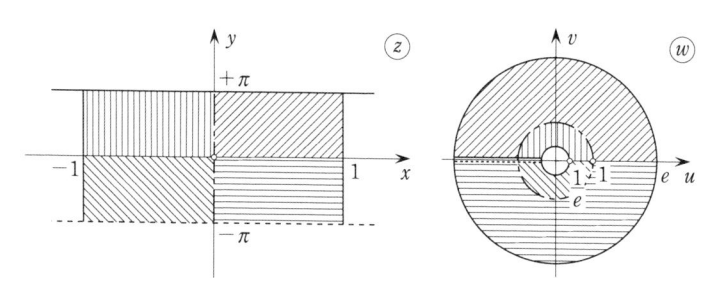

図 137 $w = e^z$，基本帯状域の像

2.4 複素対数関数

極座標表示 $z = |z| e^{i\varphi}$ を使うとき，偏角 φ は 2π の整数倍の不定性を除けば一意に定まる．そこで，原点から出る射線 $\varphi = \varphi_0$ に沿って複素平面に切れ目を入れたと考えて，偏角の範囲を
$$\varphi_0 < \varphi \leqq \varphi_0 + 2\pi$$
に限っておくことにする．そうした上で，$z \neq 0$ に対して，
$$\log z := \ln |z| + i \arg z, \quad \varphi_0 < \arg z \leqq \varphi_0 + 2\pi$$
の式で z の対数を定義し，これを φ_0 によって定まる**対数の分枝**とよぶ．

帯状域 $S = \{x + iy \mid x \in \boldsymbol{R}, \varphi_0 < y \leqq \varphi_0 + 2\pi\}$ に制限して考えるならば，φ_0 によって定まる対数の分枝は指数関数の逆関数を表わす．すなわち
$$e^{\log z} = e^{\ln |z|} e^{i \arg z} = z, \quad z \neq 0,$$
$$\log e^z = \ln |e^z| + i(\arg e^z) = x + iy, \quad \varphi_0 < y \leqq \varphi_0 + 2\pi.$$

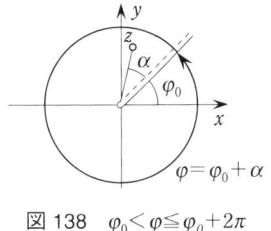

特に，負の実軸 ($\varphi_0 = -\pi$) に沿う切れ目によって定まる対数の分枝のことを**対数の主値**とよんで $\mathrm{Log}\, z$ で表わす（図139）:

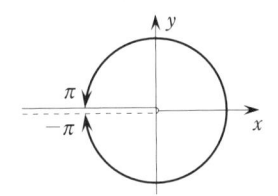

$$\mathrm{Log}\, z = \ln |z| + i\, \mathrm{Arg}\, z, \quad -\pi < \mathrm{Arg}\, z \leqq \pi.$$

図 139　対数の主値

主値の例：

1. $\mathrm{Log}\, 3.5 = \ln 3.5$. 一般に，$r > 0$ ならば $\mathrm{Log}\, r = \ln r$（実の自然対数）である．
2. $\mathrm{Log}\, (-3.5) = \ln 3.5 + i\pi$ 　($\mathrm{Arg}\, (-3.5) = \pi$).
3. $\mathrm{Log}\, i = \ln 1 + i\dfrac{\pi}{2} = i\dfrac{\pi}{2}$.
4. $\mathrm{Log}\, (-2 - 2i) = \ln \sqrt{8} - \dfrac{3}{4} i\pi.$ 　□

注意． $\mathrm{Log}\, (zw) = \mathrm{Log}\, z + \mathrm{Log}\, w$ であると書きたくなるが，この関係は一般には成り立たない．例えば $z = -1,\ w = -2$ とすれば
$$\mathrm{Log}\, (zw) = \mathrm{Log}\, 2 = \ln 2 + i0 = \ln 2$$

であるが，
$$\text{Log}\, z + \text{Log}\, w = (\ln 1 + i\pi) + (\ln 2 + i\pi) = \ln 2 + i2\pi$$
である．□

C における自然対数

手順1 分枝を定めるための切れ目の偏角 φ_0 を，$-\pi \leqq \varphi_0 \leqq \pi$ を満たす角として選んでから，$\varphi = \arg z$ を $\varphi_0 < \varphi \leqq \varphi_0 + 2\pi$ を満たすように定める．$\varphi_0 = -\pi$ と選んだ場合が主値である．

手順2 φ_0 によって定まる分枝は $\log z = \ln r + i\varphi$ である．

例． $\varphi_0 = 0$, すなわち $0 < \arg z \leqq 2\pi \implies \log 1 = 2\pi i$,
$$\log(-i) = \frac{3}{2}\pi i.$$
□

2.5 一般のべき

$a, z \in \boldsymbol{C},\ a \neq 0$ に対して，実数の場合と同様に対数の分枝を使って
$$a^z := e^{z \log a}$$
と定義する．a^z は $\varphi = \varphi_0$ に切れ目を入れた平面上でのみ1価である．そのような指定をしない場合には，a^z は複素数の集合を考えなくてはならない：
$$a^z = \{e^{z(\ln|a| + 2k\pi i)} \mid k = 0, \pm 1, \cdots\}.$$

例． 対数の主値をとることにすれば
$$i^i = e^{i \text{Log}\, i} = e^{i\left(i\frac{\pi}{2}\right)} = e^{-\frac{\pi}{2}} = 0.207879576\cdots.$$
□

演算則． 分枝を定めておけば，以下の式が成り立つ．

$z, w \in \boldsymbol{C},\ n \in \boldsymbol{Z}$ に対して
$$a^z a^w = a^{z+w},\quad (a^z)^n = a^{nz}.$$

証明． $a^z a^w = e^{z \log a}\, e^{w \log a} = e^{(z+w)\log a} = a^{z+w}$,
$(a^z)^n = (e^{z \log a})^n = e^{nz \log a} = a^{nz}.$ □

2.6 三角関数

オイラーの公式
$$e^{ix} = \cos x + i \sin x$$
から
$$\cos x = \frac{1}{2}\left(e^{ix} + e^{-ix}\right), \ \sin x = \frac{1}{2i}\left(e^{ix} - e^{-ix}\right)$$
が導かれる．これをもとにして「複素」三角関数を次のように定義する．

定義　$\cos z := \dfrac{1}{2}\left(e^{iz} + e^{-iz}\right),$

$\sin z := \dfrac{1}{2i}\left(e^{iz} - e^{-iz}\right),$

$\tan z := \dfrac{\sin z}{\cos z} \quad (\cos z \neq 0),$

$\cot z := \dfrac{\cos z}{\sin z} \quad (\sin z \neq 0).$

いろいろな性質． 上の定義から以下のことが導かれる．

1) 加法定理

(4) $\quad \begin{aligned}\cos(z+w) &= \cos z \cos w - \sin z \sin w, \\ \sin(z+w) &= \sin z \cos w + \cos z \sin w,\end{aligned} \quad \cos^2 z + \sin^2 z = 1.$

2) オイラーの公式

(5) $\qquad\qquad\qquad e^{iz} = \cos z + i \sin z.$

注意． 式(5)は e^{iz} を実部と虚部に分解した式ではない．実部と虚部は式(5)と $e^{iz} = e^{i(x+iy)} = e^{-y+ix} = e^{-y}(\cos x + i \sin x)$ から導くことができる． □

(6) $\quad \begin{aligned} \operatorname{Re} \cos z &= \cos x \cosh y, \\ \operatorname{Re} \sin z &= \sin x \cosh y, \\ \operatorname{Im} \cos z &= -\sin x \sinh y, \\ \operatorname{Im} \sin z &= \cos x \sinh y. \end{aligned}$

3) 周期性

$\cos z, \sin z$ は（実関数のときと同様に）2π を基本周期とする．

4) 零点

$$\cos z = 0 \iff z = \pm\frac{1}{2}\pi, \pm\frac{3}{2}\pi, \pm\frac{5}{2}\pi, \cdots,$$

$$\sin z = 0 \iff z = 0, \pm\pi, \pm 2\pi, \cdots.$$

複素関数に拡張しても新しい零点は現われない.

証明． $\sin z = 0 \iff |\sin z| = 0 \iff \sin x = 0$ かつ $\sinh y = 0 \iff x = k\pi$ (k：整数)かつ $y = 0$. $\cos z$ の零点についても同様にして証明できる． □

5) 写像の性質

$z \mapsto w = \sin z$ は

直線 $x = x_0 \neq k\dfrac{\pi}{2}$, $k \in \mathbb{Z}$ を　双曲線 $\dfrac{u^2}{\sin^2 x_0} - \dfrac{v^2}{\cos^2 x_0} = 1$ に,

直線 $y = y_0 \neq 0$ を　楕円 $\dfrac{u^2}{\cosh^2 y_0} + \dfrac{v^2}{\sinh^2 y_0} = 1$ に

写像する．

$z \mapsto w = \cos z$ は

直線 $x = x_0 \neq k\dfrac{\pi}{2}$, $k \in \mathbb{Z}$ を　双曲線 $\dfrac{u^2}{\cos^2 x_0} - \dfrac{v^2}{\sin^2 x_0} = 1$ に,

直線 $y = y_0 \neq 0$ を　楕円 $\dfrac{v^2}{\cosh^2 y_0} + \dfrac{v^2}{\sinh^2 y_0} = 1$ に

写像する．

以上の双曲線と楕円はすべて焦点が $(\pm 1, 0)$ にある．

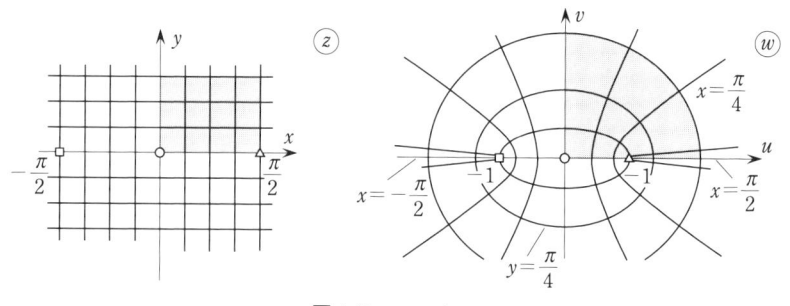

図 140　$w = \sin z$

2.7 双曲線関数

実関数のときと形の上では全く同様に定義される：

$$\cosh z := \frac{1}{2}\left(e^z + e^{-z}\right),$$

$$\sinh z := \frac{1}{2}\left(e^z - e^{-z}\right).$$

複素関数の場合，これらは三角関数を使って表わすことができる：

(7)
$$\cosh z = \cos iz, \quad \cos z = \cosh iz,$$
$$\sinh z = -i \sin iz, \quad \sin z = -i \sinh iz.$$

これを用いると 2.6 の三角関数の性質 1)–5) は次の形に書きかえられる．

1) 加法定理

実関数の場合と同様の式が成り立つ．例えば
$$\cosh^2 z - \sinh^2 z = 1.$$

2) 周期性

$\sinh z$, $\cosh z$ は e^z と同様，ともに $2\pi i$ の基本周期をもつ．

3) 零点

$$\cosh z = 0 \iff z = \pm \frac{1}{2}\pi i,\; \pm \frac{3}{2}\pi i,\; \pm \frac{5}{2}\pi i,\; \cdots,$$

$$\sinh z = 0 \iff z = 0,\; \pm \pi i,\; \pm 2\pi i,\; \cdots.$$

2.8 平方根 $w = \sqrt{z}$

対数の場合と同様に，極形式 $z = re^{i\varphi}$ の偏角 φ を，φ_0 に切れ目を入れた上で $\varphi_0 < \varphi \leqq \varphi_0 + 2\pi$ であるように定めなくてはならない．そうすると，φ_0 によって定まる平方根 $\sqrt{z}$ の分枝は次のように一意的に定義される：
$$\sqrt{re^{i\varphi}} := \sqrt{r}\, e^{i\frac{\varphi}{2}}.$$

この分枝は全平面を半平面

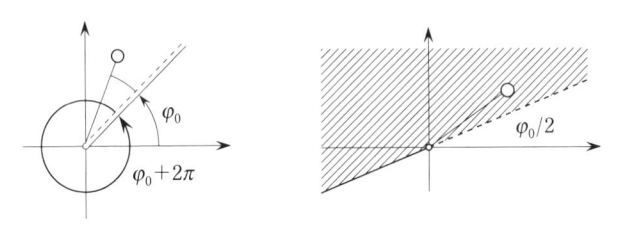

図 141　$\varphi_0 = \dfrac{\pi}{4}$ としたときの $w = \sqrt{z}$ の分枝

$$H = \left\{ \rho\, e^{i\psi} \,\middle|\, \rho \geqq 0,\ \dfrac{\varphi_0}{2} < \psi \leqq \dfrac{\varphi_0}{2} + \pi \right\}$$

に写像する（図141）．

$\mathbb{C}$ における平方根

手順1　$-\pi \leqq \varphi_0 \leqq \pi$ を満たす φ_0 によって複素平面に切れ目を入れ，次に偏角 $\varphi = \arg z$ を $\varphi_0 < \varphi \leqq \varphi_0 + 2\pi$ を満たすように定める．

手順2　φ_0 によって定まる分枝を
$$\sqrt{z} = \sqrt{|z|}\, e^{i\frac{\varphi}{2}}$$
とする．いわゆる「平方根」（主分枝）は $\varphi_0 = -\pi$ と選んだものである．

$\sqrt{z}$ のどの分枝に対しても，直角座標による表示 $u + iv = \sqrt{x + iy}$ から
$$u^2 + v^2 = \sqrt{x^2 + y^2} \geqq 0, \quad u^2 - v^2 = x$$
の関係が成り立つ．分枝の選び方は u と v の符号に影響する．特に主分枝については（図142），

$\sqrt{z}$ の主分枝

$y < 0$ に対しては $s(y) = -1$，$y \geqq 0$ に対しては $s(y) = 1$ ととって，
$$\sqrt{x + iy} = \sqrt{\dfrac{1}{2}\left(\sqrt{x^2 + y^2} + x\right)} + is(y) \sqrt{\dfrac{1}{2}\left(\sqrt{x^2 + y^2} - x\right)}.$$

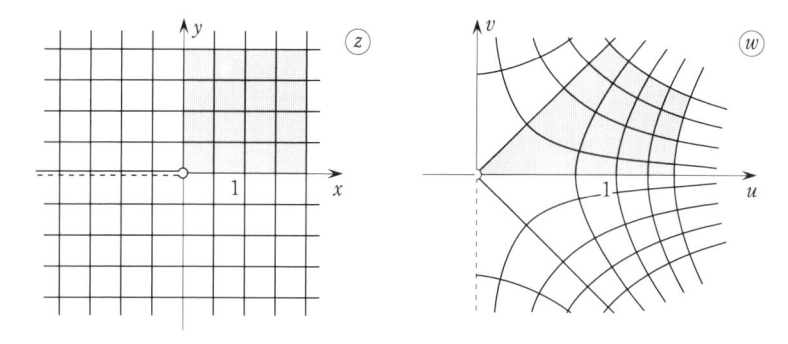

図 142　$w=\sqrt{z}$ の主分枝（$x, y=$定数の像）

2.9　n 乗 根

全く同様に n 乗根の分枝を次のように定める．

手順1　φ_0 を選び，$z = re^{i\varphi}$, $\varphi_0 < \varphi \leqq \varphi_0 + 2\pi$ とする．

手順2　$\sqrt[n]{z} := \sqrt[n]{r}\, e^{i\frac{\varphi}{n}}$, $\sqrt[n]{0} = 0$ とする．

2.4–2.9 で定義した関数は，分枝を定める切れ目 φ_0 の上の点を除けば，それぞれの定義域で連続である．対数および n 乗根の φ_0 に属する分枝は点 $z \neq 0$, $\arg z = \varphi_0$ で不連続である．

練 習 問 題

1.　複素 z 平面上の点 $0, 1, 1+i, i$ を頂点とする正方形は
$$w = (1+i)z - (1-i)$$
によって複素 w 平面に写像される．この正方形の像を求めてグラフに描け．この写像の行列を $\boldsymbol{R}^2$ で計算するとどのようになるか．

2.　写像 $w = \dfrac{1}{z}$ による次の図形の像を求め，グラフに描け：

a)　円周 $|z| = r$, $r > 0$.
b)　直線 $z = (1+i)t$, $t \in \boldsymbol{R}$.

c) 円弧 2 角形 $\{z \mid |z| \leq 1, |z-1| \leq 1\}$.

3. 写像 $w = z^2$ について以下のものを求め，グラフに描け：
 a) 点 $z = i, 1+i$ の像と，$w = i, 1+i$ のすべての原像．
 b) 曲線 $|z| = r$, $\operatorname{Re} z = 1$, $\arg z = \alpha$ の像．
 c) $\operatorname{Re} w = 1$ の原像．
 d) 頂点が $0, 1, 1+i, i$ の正方形の像．

4. 写像 $w = e^z$ について前問と同じことを調べよ．

5. ジューコフスキー写像 $w = \dfrac{1}{2}\left(z + \dfrac{1}{z}\right)$ について，以下のものを求め，グラフに描け：
 a) $\operatorname{Re} z = 0, \operatorname{Im} z = 0, |z| = 1$ の像．
 b) 逆写像と $\operatorname{Re} w = 0$ の逆像．
 c) 円周 $|z + 0.2 - 0.5i| = 1.3$ の像（ジューコフスキー翼形）．（→ 5.3, 例 3, 図156）．（電卓を用いてもよい．）

6. a) e^{2+i}, $\cos(1+2i)$, $\cosh i$ を計算せよ．
 b) $\sin z = 1000$ を z について解け．

7. $\overline{e^z} = e^{\bar z}$, $\overline{\sin z} = \sin \bar z$, $\overline{\cos z} = \cos \bar z$ であることを示せ．

8. $w = i^z$ について問題 3 と同じことを調べよ．

9. $(-1)^i$ のとり得る値をすべて求めよ．

10. 以下の各場合に，$w = \sqrt{z} = \sqrt{x + iy}$ の実部と虚部を x と y の関数として具体的に求めよ：
 a) 正の x 軸に切れ目を入れた場合．
 b) 負の y 軸に切れ目を入れた場合．

11. 放物柱にあたる流れ．
 領域 $\{z = x + iy \mid y > 0, 4x < y^2\}$ は図のように上半 w 平面に写像される．

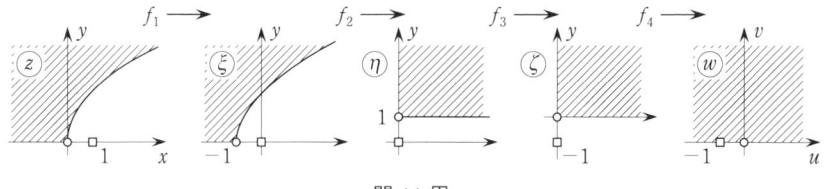

問 11 用

f_1 と f_3 は 1 次関数，f_4 は 2 次関数，また $\eta = f_2(\xi) = \sqrt{\xi}$, $\operatorname{Re} \eta \geq 0$ である．以下の問いに答えよ：

a）写像を実行して $w = f(z)$ の関数形を求めよ．
b）実軸 $\operatorname{Im} z = 0$，上半平面，下半平面の，各段階での像のグラフを描け．
c）逆写像の関数を求めよ．これを用いて，$\operatorname{Im} w = 1$ に写像される z 面における流線 S のパラメータ表示を求めよ．

12. ついたてを乗り越える流れ（→ 5.4, 例8, 図161）．
a）関数 $w = \sqrt{z^2 + 1}$ は $z = 0$ と $z = i$ の間に切れ目を入れた上半 z 平面を $\operatorname{Im} w > 0$ に写像することを示せ．（写像の手順：2次関数による写像 → 平行移動 → 平方根による写像）．
b）平方根の分枝を定める切れ目をどこにとるか．
c）逆写像を求めよ．
d）流線 $\operatorname{Im} w = $ 定数 のパラメータ表示を求めよ．

13. i^i, $(-i)^i$, $(-1)^i$, 2^i の実部と虚部を求めよ．

14. a）$\log 3$, $\log(2+3i)$, $\log(e + 2\pi i)$ の可能なすべての値を求めよ．
b）$\log z = i\pi$, $\log z = 2 - i$, $\log z = e + 2\pi i$ の各式を満たす z の値を求めよ．

15. 次の式が成り立つことを示せ：
a）$\arcsin z = -i \log(iz + \sqrt{1 - z^2})$．
b）$\arccos z = -i \log(z + \sqrt{z^2 - 1})$．

§3. 1次分数関数

3.1 1次分数関数——メービウス変換

次の形の関数を1次分数関数，またはメービウス変換（A. Möbius, 1790–1868）という．

$$(1) \qquad f(z) = \frac{az + b}{cz + d}, \quad a, b, c, d \in \boldsymbol{C}, \quad ad - bc \neq 0.$$

この関数は取り扱いが特に容易で，しかも応用上有用な性質をそなえている．

$c \neq 0$ の場合には $f(z)$ が定義できない点 $z = -\dfrac{d}{c}$ があるので，場合分け

の煩雑さを避けるために，f を閉じた複素平面 $\overline{\boldsymbol{C}} = \boldsymbol{C} \cup \{\infty\}$ にまで拡張する：

(2) $$f\left(-\frac{d}{c}\right) := \infty, \quad f(\infty) := \frac{a}{c}.$$

(1)と(2)によって逆解可能な写像 $f: \overline{\boldsymbol{C}} \to \overline{\boldsymbol{C}}$ が定義される．逆写像 $z = f^{-1}(w)$ はやはり1次分数関数になる．すなわち

(3) $$f(z) = w = \frac{az+b}{cz+d}. \iff f^{-1}(w) = z = \frac{dw-b}{-cw+a}.$$

(1)の型のメービウス変換を2つ合成して $w = f(g(z))$ をつくってみると，容易にわかるようにそれもまたメービウス変換になる．

定理 3.1. メービウス変換 $w = \dfrac{az+b}{cz+d},\ ad - bc \neq 0$ は伸縮回転 $z \mapsto wz$，平行移動 $z \mapsto z + v$，反転 $z \mapsto \dfrac{1}{z}$ をつなぎ合わせてつくることができる．

証明. $c = 0$ の場合には $z \mapsto \left(\dfrac{a}{d}\right) z \mapsto \left(\dfrac{a}{d}\right) z + \dfrac{b}{d}$．$c \neq 0$ の場合には，$w = \dfrac{az+b}{cz+d} = \dfrac{a}{c} - \dfrac{ad-bc}{c(cz+d)}$ であるから，w は $z \mapsto cz$（伸縮回転）$\mapsto cz + d$（平行移動）$\mapsto \dfrac{1}{cz+d}$（反転）を重ねて得られる．□

3.2 円円対応性，等角性，向き不変性

今後，複素平面内の直線を，点 ∞ を通る $\overline{\boldsymbol{C}}$ 内の円（数球面上では北極点を通る円）であるとみなす．このようにすると，表現が非常に簡単になる．すなわち，異なる3点 $z_1, z_2, z_3 \in \overline{\boldsymbol{C}}$ をとると，それを通る円がつねにただ1つ存在する．$\infty \in \{z_1, z_2, z_3\}$ の場合にはこれは直線であって，そうでない場合にはこれは「真の」円であるということになる．

いま

「z_1 から z_2 を通って z_3 に達し，さらにまた z_1 にもどって来る」
という移動の向きを定めたとすると，この円は向きのついた円になる．これを $K(z_1, z_2, z_3)$ と書くことにしよう．向きのついた円には（その向きに移動するとき）必ず左側と右側がある．

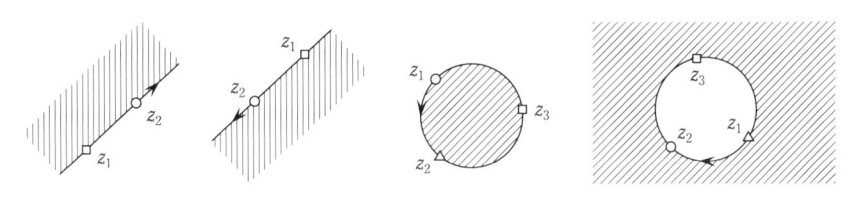

図 143　円 $K(z_1, z_2, z_3)$ の左側

定理 3.2. 関数 $w(z) = \dfrac{az+b}{cz+d}$, $ad - bc \neq 0$ による写像は円円対応性，等角性，向き不変性をそなえている．すなわち，

a) $\overline{C}$ における円（= 円または直線）は $\overline{C}$ における円に写像される．

b) z 平面で交わる 2 曲線のなす角と，その像が w 平面でなす角とは，大きさが等しい．

c) 向きのついた円 $K(z_1, z_2, z_3)$ の左側は $K(w(z_1), w(z_2), w(z_3))$ のやはり左側に写像される．

証明. この定理は，平行移動と伸縮回転に対しては明らかに成り立っている．それゆえ，定理 3.1 によって，反転写像についてだけ証明すればよい．さて

$$u + iv = \frac{1}{x+iy} \iff x = \frac{u}{u^2+v^2}, \ y = -\frac{v}{u^2+v^2}$$

である．そこで

a) この関係を $\overline{C}$ における円の実方程式に代入すると，やはり円の方程式（→ 第 6 章, 5.6）が得られる：

$$A(x^2 + y^2) + Bx + Cy + D = 0 \implies D(u^2 + v^2) + Bu - Cv + A = 0.$$

b) 写像の等角性は円円対応性から導かれる．等角性は実は解析関数に対して一般に成り立つ性質なので（→ 定理 5.3），特に $w = \dfrac{1}{z}$, $z \neq 0$ に対しても成り立つ．$z = 0$ の場合も含めるために，一般に

2曲線 $z_1(t), z_2(t)$ が点 ∞ において互いに角 φ で交わるとは，逆数曲線 $\dfrac{1}{z_1(t)}, \dfrac{1}{z_2(t)}$ が点 0 において角 φ で交わることである

ということにする．

ⓒ) 向き不変性も一般に解析関数に対して成り立つ（→定理 5.3）．この性質は，いまの場合には行列式のある条件に対応している（→問題 13）． □

3.3 6 点公式

平面の問題は，その平面にメービウス変換をほどこすともっと簡単で標準的な問題になってしまうことが多い．この方法によれば，円形であった境界を直線の境界に写像することができる．

準備として，まず $\overline{C}$ における円（円または直線）で囲まれた領域について説明しよう．メービウス変換を使うときには，次の 2 通りのやり方が役に立つ:

ⓐ 境界の円 K を，その上の異なる 3 点 z_1, z_2, z_3 によって代表させる．その際，3 点を $z_1 \to z_2 \to z_3$ の順に回るとき，考えている領域がその左側に来るように決めておく（→図 143）．

ⓑ 境界の円 K を，K 上の 1 点と，K 上にはなくて K に関して互いに対称の位置にある 2 点とで代表させ，この 2 点のうちで考えている領域内にあるほうの点を定めておく（→ 3.4）．

注意． 1． 向きをつけた直線を特徴づけるために，どちらの場合にも，可能ならば点 ∞ をこの直線を表わす点として選ぶ．

2． 円の左側を「内部」とよぶ人もいる．しかしここでは，幾何学的に明白なとき以外はこの表現を使わないことにする． □

定理 3.3. 6 点公式． 閉じた複素平面 $\overline{C}$ 上に互いに異なる 3 点 z_1, z_2, z_3 と w_1, w_2, w_3 とを任意にとったとき，

$$w(z) = \frac{az+b}{cz+d}, \quad w(z_k) = w_k, \quad k = 1, 2, 3$$

を満たすメービウス変換がただ 1 つ存在する．この変換は 6 点を含む方程式

(4) $$\frac{(w-w_1)(w_2-w_3)}{(w-w_3)(w_2-w_1)} = \frac{(z-z_1)(z_2-z_3)}{(z-z_3)(z_2-z_1)}$$

§3. 1次分数関数

を w について解けば求められる．ここで $z_k = \infty$ または $w_l = \infty$ の場合には，$\dfrac{u - z_k}{v - z_k}$ あるいは $\dfrac{u - w_l}{v - w_l}$ の形の因数を 1 と置けばよい．

証明． 方程式(4)は $g(w) = h(z)$ という形をしている．ここで g と h はメービウス変換である．したがって，これを w について解けば確かに 1 つのメービウス変換 $w(z) := g^{-1}(h(z))$ が得られる．(4)からわかるように $g(w_k) = h(z_k)$ であるから，$w_k = g^{-1}(h(z_k)) = w(z_k)$ である．このことから $w(k)$ は一意に定まる．なぜなら，まず分母子を約しておいたとすれば，係数 a, b, c, d のうちの少なくとも 1 個は 1 に等しいと考えてよい．次にその他の 3 個は，$k \neq l$ のとき $z_k \neq z_l, w_k \neq w_l$ という前提があるから 3 個の方程式
$$az_k + b = (cz_k + d)w_k$$
から一意に定まるのである．$z_k = \infty$ や $w_k = \infty$ の場合については，直接代入して確かめてみるとよい．□

結論として次のことがわかった．すなわち，$\overline{\mathbf{C}}$ において向きをつけた 2 つの円 $K(z_1, z_2, z_3)$, $K(w_1, w_2, w_3)$ が与えられたとき，z_k を w_k に写像し ($k = 1, 2, 3$)，したがって円の左側を同じく円の左側に写像するようなメービウス変換 $w = w(z)$ がただ 1 つ存在する．

例 1． 円 $K(z_1, z_2, z_3)$ の内部を上半平面に写像する．

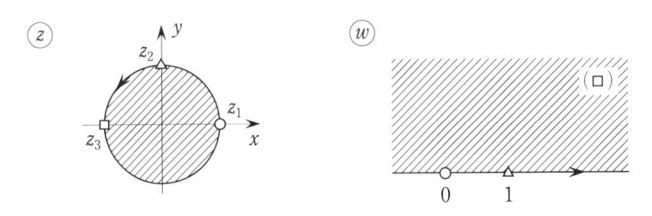

図 144　例 1 用

手順 1　対応する 3 個の境界点をそれぞれ 1 列に並べ，領域の左側同士が対応するようにする．

手順 2　式(4)で $w_1 = 0, w_2 = 1, w_3 = \infty$ とすれば
$$w(z) = \frac{(z - z_1)(z_2 - z_3)}{(z - z_3)(z_2 - z_1)}.$$

z	z_1	z_2	z_3
w	0	1	∞

特に

$$w = \frac{z_2 - z_3}{z - z_3} \quad (z_1 = \infty) \ ; \ w = \frac{z - z_1}{z - z_3} \quad (z_2 = \infty) \ ; \ w = \frac{z - z_1}{z_2 - z_1} \quad (z_3 = \infty).$$

例2. 上半平面（$\operatorname{Im} y > 0$）を単位円内部に写像する．

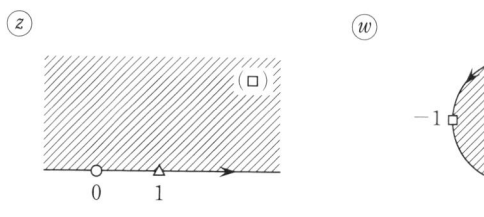

図145 例2用

手順1 例1のときと同様に各3点を対応させて並べる．

手順2 式(4)により

z	0	1	∞
w	1	i	-1

$$\frac{(w-1)(i+1)}{(w+1)(i-1)} = z \implies w = \frac{1+iz}{1-iz}.$$

例3. 単位円の外部を図146の半平面に写像する．

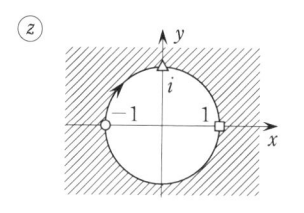

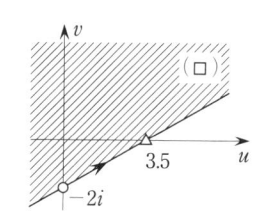

図146 例3用

手順1 各3点を対応させて並べる．

手順2 式(4)は

z	-1	i	1
w	$-2i$	3.5	∞

$$\frac{(w+2i)(3.5-\infty)}{(w-\infty)(3.5+2i)} = \frac{w+2i}{3.5+2i} = \frac{z+1}{z-1}i.$$

w について解けば

§3. 1次分数関数　33

$$w = \frac{(-2+1.5i)z - (2-5.5i)}{z-1}.$$ □

注意．式(4)の形からわかるように，メービウス変換を

$$\frac{w-w_1}{w-w_2} = k\frac{z-z_1}{z-z_2}, \quad k \in \mathbb{C}$$

という形に書くこともできる．こうすれば $w(z_1) = w_1, w(z_2) = w_2$ はすでに満たされているから，k は $w(z_3) = w_3$ から一意に求められる．□

3.4　対　称　点

これまでに述べた「境界点を境界点に」という方法だけでは十分に扱えない問題もいろいろある．例えば円形膜のひずみを考えるときには，内部の点の像点まで指定したいことがある．

そのために，円 K に直交するすべての円，すなわち K と垂直に交わる円群のことも K と同時に考察することにする．

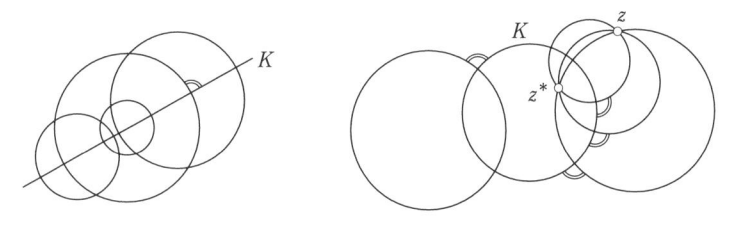

図 147　円 K とそれに直交する円群

補助定理 3.4．円 K の上にない 1 点 $z \in \mathbb{C} \cup \{\infty\}$ を通って K と直交する円群は，z とは別のもう 1 つの点 z^* で互いに交わる．

証明．　場合1)　K が直線であるとする．これと直交する円の中心は K の上にある．z^* は K に関する z の（通常の意味の）鏡像点で，これは一意に定まる（図148（左））．

場合2)　K が「真の」円（中心 a，半径 r）であるとする．z を通って K と直交する任意の円 K_1 を考えると，図148（右）に示した点 z^* については $|z-a||z^*-a| = r^2$ が成り立つ．したがって，z を通る他の直交円も同じ点 z^* を通ることがわかる．□

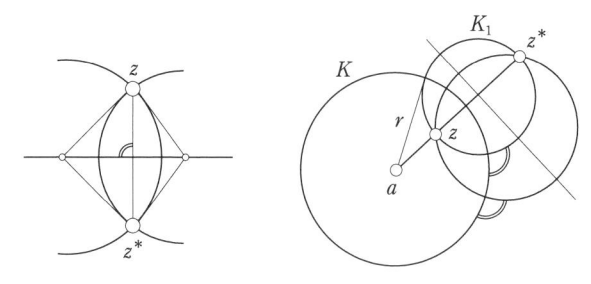

図 148　直線および円に関する鏡像

注意. $\infty^* = \infty$（K が直線の場合），$a^* = \infty, \infty^* = a$（$K$ が中心 a の円の場合）などの場合も，適当な読みかえをすれば上の補助定理の中に含まれることになる．さらに，$(z^*)^* = z$ であることもわかる．□

定義. 2 点 $z, z^* \in \mathbf{C}$ が円 K に関して互いに対称の位置にあるというのは次の意味である．

z が K の上にある場合には，$z^* = z$ であること．

z が K の上にない場合には，z^* が z を通る直交円群の他の交点であること．

写像 $z \mapsto z^*$ のことを K に関する**鏡映**といい，z^* を z の**鏡像**（点）という．□

鏡像の求め方

ⓐ K が直線の場合：通常の意味の鏡像（図148），また $\infty^* = \infty$．

ⓑ K が円（中心 a，半径 r）の場合：

(5) $\qquad z^* = \dfrac{r^2}{\bar{z} - \bar{a}} + a, \quad a^* = \infty, \infty^* = a.$

z^* と z は a から出る同じ射線の上にある（図149）．

注意. 逆に，異なる 3 点 z_1, z_2, z_3 が与えられたとき，z_3 を通る円で，z_1 と z_2 がその円に関して互いに鏡像の関係にあるようなものがただ 1 つ定まる（→ 第 9 章，1.3，例 2）．□

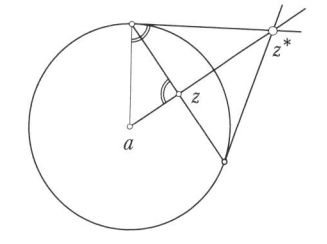

図 149　円に関する鏡像

定理 3.5. メービウス変換 (1) は，円 K に関して鏡像の関係にある 2 点 z_0,

§3. 1次分数関数　35

z_0^* を，像の円 $K' = w(K)$ に関して鏡像である 2 点 w_0, w_0^* に写像する．

証明． メービウス変換 $w(z)$ はその円円対応性と等角性（→ 定理 3.2）によって，z_0 を通り円 K に直交する円群を，$w_0 = w(z_0)$ を通り円 $K' = w(K)$ に直交する円群に写像する．したがって当然もう一方の交点 z_0^* も交点 w_0^* に写像される．□

すぐ次に述べる第 2 の方法の中で，向きをつけた円 K を向きをつけた円 K' に（同時に「左側を左側に」）写像するために，境界上の 1 点 z_1（および w_1）と，左側の 1 点 z_2（および w_2）と，それの対称点 $z_3 = z_2^*$（および $w_3 = w_2^*$）によって両方の円を一意に決める．そうするとメービウス写像 $w = w(z)$，ただし $w_k = w(z_k)$, $k = 1, 2, 3$ は必然的に K を K' に，しかも K の左側を K' の左側に写像することになる．

向きをつけた円 K と K' の左側を互いに写像し合うメービウス写像の求め方．

方法 1．

 手順 1　境界点を次のように選ぶ（→ 3.3）．
  $K = K(z_1, z_2, z_3), \quad K' = K(w_1, w_2, w_3)$．

 手順 2　6 点公式(4)を書き，w について解く．

z	z_1	z_2	z_3
w	w_1	w_2	w_3

方法 2．

 手順 1　K 上の境界点 z_1，K' 上の像点 w_1 を決める．
  K の左側の点 z_2，K' の左側の像点 w_2 を決める．

 手順 2　z_2 と w_2 それぞれの対称点 $z_3 = z_2^*$（K に関し），$w_3 = w_2^*$（K' に関し）を決める（→ (5)）．

 手順 3　6 点公式(4)を書き，$w = w(z)$ について解く．

z	z_1	z_2	z_2^*
w	w_1	w_2	w_2^*

例 1． 膜のひずみ．円板 $|z| \leqq 1$ を，内部の 1 点 z_0 が円の中心にくるように写像する．

 手順 1　境界点の対応を決める：$z_1 = 1, w_1 = e^{i\alpha}$, α（任意）$\in \mathbf{R}$．

境界の左側にある点 $z_2 = z_0$ に対して $w_2 = 0$ を指定する.

手順2 対称点：$z_3 = z_2^* = \dfrac{1}{\bar{z}_0}$, $w_3 = w_2^* = \infty$.

手順3 6点公式：$\dfrac{w - e^{i\alpha}}{-e^{i\alpha}} = \dfrac{(z-1)\left(z_0 - \dfrac{1}{\bar{z}_0}\right)}{\left(z - \dfrac{1}{\bar{z}_0}\right)(z_0 - 1)}$.

w について解く：$w = e^{i\alpha}\left(\dfrac{1 - \bar{z}_0}{z_0 - 1}\right)\dfrac{z - \bar{z}_0}{\bar{z}_0 z - 1} = e^{i\varphi}\dfrac{z - z_0}{\bar{z}_0 z - 1}$. □

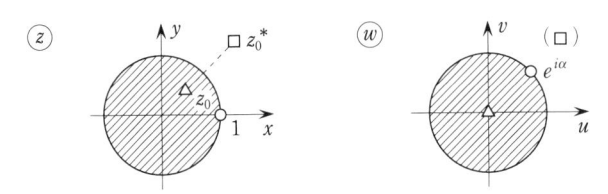

図 150　例 1 用

例 2. 偏心の 2 円 E（中心 0, 半径 1）と K（中心 a, 半径 r；$0 < |a| < 1$, $|a| + r < 1$）に挟まれた領域を共心円に挟まれた円環状の領域に写像する.

E' と K' の共通の中心を $w_0 = 0$ とする．w_0 の原像 z_0 を K の内部にとると，求める写像（→例 1 で $\varphi = 0$）は

$$w = \dfrac{z - z_0}{\bar{z}_0 z - 1}.$$

$w_0 = 0$ と $w_0^* = \infty$ は E', K' のどちらの円に関しても互いに対称であるか

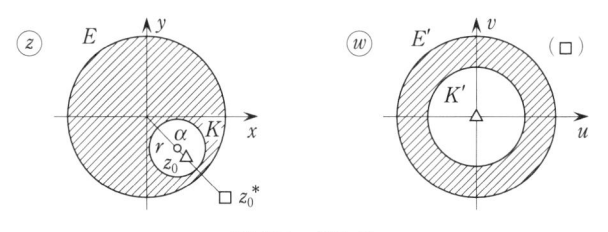

図 151　例 2 用

ら，K に関して対称な 2 点 z_0 と $z_0^* = \dfrac{1}{\bar{z}_0}$ は E に関しても対称の位置になけ
ればならない（→ 定理 3.5）．そこで式 (5) から
$$\frac{1}{\bar{z}_0} = \frac{r^2}{\bar{z}_0 - \bar{a}} + a$$
となる．これは z_0 に対する 2 次方程式で，K の内部にある解は
$$z_0 = \frac{1 + |a|^2 - r^2 - \sqrt{\{1 - (|a| + r)^2\}\{1 - (|a| - r)^2\}}}{2|a|^2} a$$
である．□

練 習 問 題

1. 複素 z 平面の 1 次分数写像 $w = \dfrac{z}{z - i}$ について，以下の問いに答えよ：

   a）不動点を求めよ．逆写像を求めよ．点 $0, 1, \infty$ の像および原像を求めよ．
   b）右半平面 $\operatorname{Re} z \geqq 0$，上半平面 $\operatorname{Im} z \geqq 0$，単位円内部 $|z| < 1$ の像をそれ
   ぞれ図示せよ．
   c）w 平面の直線に写像される z 平面の曲線はどのようなものか．特に $w = 0$
   を通る直線に写像されるものは何か．

2. 1 次分数関数 $w = f(z)$ で次の性質をもつものを求めよ：
$$f(-1) = 0, \quad f(i) = 2i, \quad f(1 + i) = 1 - i.$$

3. $f(z) = \dfrac{i(z - 1)}{z + i}$ とする．また $w = h(z)$ は $h(0) = i, h(i) = \infty, h(\infty) = 1$
を満たす 1 次分数関数であるとする．

   a）$h(z)$ を求めよ．
   b）$h(f(z))$ の不動点と具体的な関数形を求めよ．
   c）4 つの象限の $w = f(z)$ による像を図示せよ．
   d）どのような直線が f によって再び直線に写像されるか．
   e）半円 $\{w \mid |w| \leqq 1, \operatorname{Re} w \geqq 0\}$ の $w = f(z)$ による原像は何か．

4. 円 $|z - 1| = 2$ を円 $|w| = 1$ に写像する 1 次分数関数 $w = f(z)$ で，$f(0) = 0, f(-1) = 1$ であるものを求めよ．

第10章 関数論

5. 2つの円 $|z|=r$, $|z-1|=r$ に関して同時に鏡像であるような2点 z_1, z_2 を求めよ．ただし $r<\dfrac{1}{2}$ である．

関数 $w=\dfrac{z-z_1}{z-z_2}$ によってこの2円はどんな図形に写像されるか．

6. T はメービウス写像で，$T(i)=0$, $T(1)=1$, $T(0)=-i$ を満たしている．

a) $T(\infty)$, T の不動点，上半平面の T による像を求めよ．

b) T を写像 $z\mapsto \alpha z$, $z\mapsto z+\beta$, $z\mapsto \dfrac{1}{z}$ の合成の形に書いてみよ．

c) 実軸に関して鏡像の関係にある2点 $z, \bar{z}$ の像 $T(z)$ と $T(\bar{z})$ の間にはどのような関係があるか．

d) T^{-1} と $T\circ T$ を求めよ．

e) 実軸に垂直な直線の T による像を求めよ．

7. 領域 $G=\{z\in \mathbf{C}\cup\{\infty\}\mid |z-1|>1, |z-2|<2, \mathrm{Im}\,z<0\}$ を図示せよ．次に G を半無限領域 $\{w\in \mathbf{C}\cup\{\infty\}\mid \mathrm{Im}\,w>0, 0<\mathrm{Re}\,w<1\}$ に写像する1次分数関数を求めよ．（ヒント：0 を ∞ に写像する．）

8. 2円柱間の電気力線と等電位線．

a) 円 $K_1: |z|=3$ と円 $K_2: |z-6|=\sqrt{6}$ に関して同時に鏡像の関係にある2点 z_1, z_2 を求めよ．

b) z_1 を 0 に，z_2 を ∞ に移すメービウス写像 f をすべて求めよ．

c) $w=f(z)$ による円 K_1, K_2 の像を図示せよ．ただし $f(3)=1$ とする．

d) f を用いて次のことを示せ（図参照）．

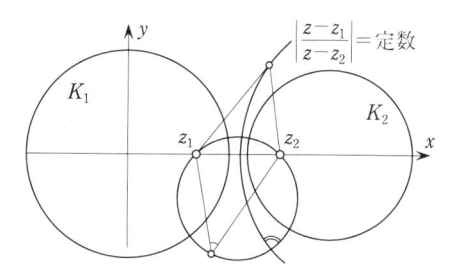

$$\left\{z\in \mathbf{C}\ \Big|\ \mathrm{Arg}\,\dfrac{z-z_1}{z-z_2}=\text{定数}\right\}$$

は z_1 と z_2 を結ぶ円弧である．

$$\left\{z\in \mathbf{C}\ \Big|\ \left|\dfrac{z-z_1}{z-z_2}\right|=\text{定数}\right\}$$

は上の円弧に直交する円である．

問8用

9. 領域 $|z-1|<1$ を $\mathrm{Im}\,w>0$ に写像し，$f\left(\dfrac{1}{2}\right)=i$, $f(0)=0$ であるよ

うな1次分数関数 $w = f(z)$ を求めよ．次にこの関数による $\operatorname{Re} z = 0$ の像と $0 < \operatorname{Im} w < 1$ の原像を図示せよ．

10. 単位半円板から単位円板への等角写像は以下の3つの手順をへて求めることができる．

$$1:\ \xi = -i\frac{z+i}{z-i}, \quad 2:\ \eta = \xi^2, \quad 3:\ w = \frac{a\eta + b}{c\eta + d}.$$

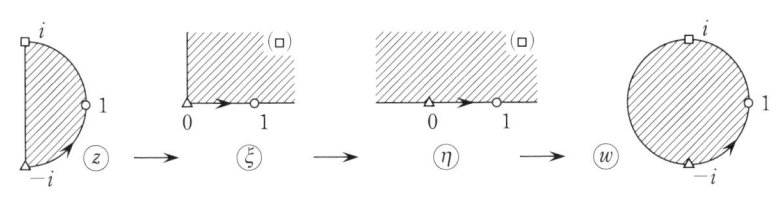

問 10 用

上の手順の **1** と **2** を確かめ，**3** の関数の中の定数 a, b, c, d を求めよ．関数 $w = z^2$ は半円をどこに写像するか．それを知るために $|z| = R$ と $\arg z = \alpha$ の像を求めてみよ．

11. 以下の3つの手順を重ねてみよ．

1：分数1次変換

z	-1	1	i
ξ	∞	0	1

2：$\eta = \xi^2$

3：分数1次変換

η	0	∞	1
w	1	-1	∞

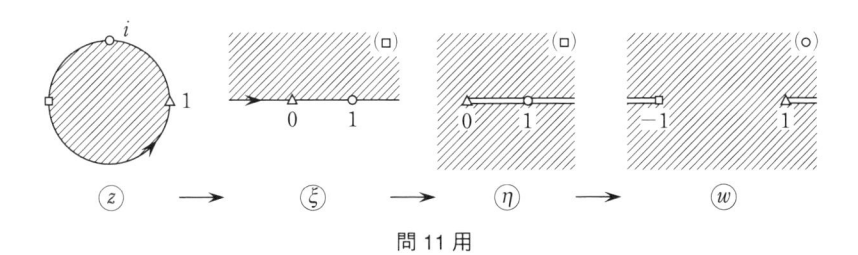

問 11 用

12. 領域 $\{z \mid |z-1| > \sqrt{2},\ |z+1| > \sqrt{2}\}$ を3つの手順で上半平面に等角に写像せよ．ただし

z	i	$-i$	$1+\sqrt{2}$
w	-1	1	0

のようにする．

(ヒント：まず $i, -i$ を $0, \infty$ に移し，次に半平面に写像する．)

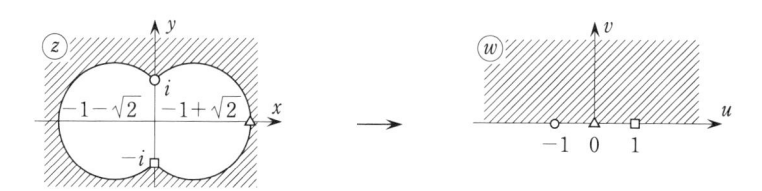

問 12 用

13. a) $x + iy$ が向きをつけた円 $K(x_1 + iy_1, x_2 + iy_2, x_3 + iy_3)$ の左側にあるための必要十分条件は，次の不等式が成り立つことである．このことを示せ：

$$\det \begin{bmatrix} x^2 + y^2 & x & y & 1 \\ x_1^2 + y_1^2 & x_1 & y_1 & 1 \\ x_2^2 + y_2^2 & x_2 & y_2 & 1 \\ x_3^2 + y_3^2 & x_3 & y_3 & 1 \end{bmatrix} < 0.$$

b) $z = \dfrac{1}{w}$ を代入することによって，a) から次のことを導け：

向きをつけた円周 $K(z_1, z_2, z_3)$ の左側は，反転 $z = \dfrac{1}{w}$ によって円周 $K\left(\dfrac{1}{z_1}, \dfrac{1}{z_2}, \dfrac{1}{z_3}\right)$ の左側に写像される．

§4. べき級数

べき級数は特に重要な関数族をつくっている．第5章の結果は，$\boldsymbol{R}$ という

指定のある定理を除けば，そのまま複素関数に対して拡張することができる．

4.1 無限級数

複素数列 $(z_n)_{n \geq 0}$ からつくった部分和

$$s_n := \sum_{k=0}^{n} z_k = z_0 + z_1 + \cdots + z_n, \quad n \geqq 0$$

の列のことを**無限級数**とよんで，

$$\sum_{k=0}^{\infty} z_k \quad \text{または} \quad z_0 + z_1 + z_2 + \cdots$$

と書き表わす．もし $\lim_{n \to \infty} s_n = \lim_{n \to \infty} (z_0 + z_1 + \cdots + z_n) = s$ ならばこの級数は $s \in \mathbf{C}$ に収束する，あるいは**和** $s \in \mathbf{C}$ をもつといって

$$\sum_{k=0}^{\infty} z_k = s$$

と書く．

級数が収束しない場合には，級数（あるいはその「和」）は**発散する**という．

各項の絶対値を加えていってつくった実級数 $\sum_{k=0}^{\infty} |z_k|$ が収束するときには，もとの級数 $\sum_{k=0}^{\infty} z_k$ は**絶対収束する**という．

定理 4.1. 絶対収束する級数はそれ自身も収束する．すなわち

$$\sum_{k=0}^{\infty} |z_k| : 収束する. \implies \sum_{k=0}^{\infty} z_k : 収束する.$$

証明． $z_k = x_k + i y_k$ とすれば $|x_k| \leqq |z_k|, |y_k| \leqq |z_k|$ である．それゆえ実級数に対する優級数判定法（→第 5 章，定理 1.8）により $\sum_{k=0}^{\infty} x_k, \sum_{k=0}^{\infty} y_k$ は収束する．このことから，§1 の (2) によりもとの級数は収束する：

$$\sum_{k=0}^{\infty} z_k = \sum_{k=0}^{\infty} x_k + i \sum_{k=0}^{\infty} y_k. \qquad \square$$

第 5 章，1.2 の結果，特に

優級数判定法，

商判定法,
コーシー積の定理

は複素級数に対してもそのまま成り立つ.

4.2 べき級数

次の形の級数

$$\sum_{k=0}^{\infty} a_k(z-z_0)^k \qquad (a_k, z_0, z \in \boldsymbol{C})$$

のことを，**中心** z_0，**係数** $a_0, a_1, a_2, \cdots$ の**べき級数**とよぶ.

実級数のときと同様に，以下の3つの場合しか現われないことが示される.

① すべての $z \in \boldsymbol{C}$ に対して $\sum_{k=0}^{\infty} a_k(z-z_0)^k$ は収束する.

② $z = z_0$ に対してだけ $\sum_{k=0}^{\infty} a_k(z-z_0)^k$ は収束する.

③ ある正数 R が存在して，$\sum_{k=0}^{\infty} a_k(z-z_0)^k$ は，円 $|z-z_0|=R$ の内部のすべての z に対しては絶対収束し，$|z-z_0|>R$ である z については発散する.

③に現われる実数 R のことをこの級数の**収束半径**といい，円

$$\{z \in \boldsymbol{C} \mid |z-z_0|=R\}$$

を**収束円**とよぶ．場合分けを避けるために①と②をそれぞれ $R=\infty$, $R=0$ の場合として扱うことがある.

注意. くわしく調べてみると，べき級数の収束・発散の振舞は非常におもしろい．すなわち，

1. $\sum_{k=0}^{\infty} a_k(z-z_0)^k$ がある1点 z_1 で収束することがわかったとすると，$R \geqq |z_1 - z_0|$ であることがいえる．すなわちこの級数は開円板 $|z-z_0| < |z_1-z_0|$ で絶対収束する.

2. ある1点 z_2 で発散することがわかったとすると，この級数は円 $|z-z_0|=|z_2-z_0|$ の外では至る所で発散する． □

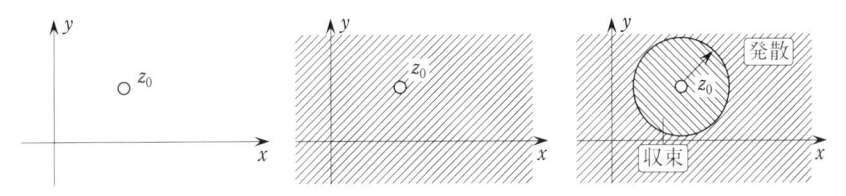

図 152 べき級数の収束・発散の振舞

例. $\sum_{n=0}^{\infty} z^n$, $R = 1$; $\qquad \sum_{n=0}^{\infty} \dfrac{z^n}{n!}$, $R = \infty$;

$\sum_{n=0}^{\infty} n! z^n$, $R = 0$; $\qquad \sum_{n=0}^{\infty} \dfrac{n^n}{n!} z^n$, $R = \dfrac{1}{e}$. □

反例. $\sum_{k=0}^{\infty} (1 - z^2)^k$ は $z_0 = 0$ を中心とするべき級数ではない．その証拠に，$z = 1$ では収束するのに，そのことから $z = 0$ でも収束するということはでてこない．□

収束半径の計算． 絶対収束は実級数に対しての性質であるから，第5章，§3 の式(3)がここでもそのまま使える．すなわち

(1) $\quad B := \{ r \geqq 0 \mid \text{列 } |a_k| r^k \ (k = 1, 2, \cdots) \text{ は有界} \}$ と置くとき
$\quad R = \sup B$ または $R = \infty$ （B が有界でない場合）．

しかし係数の比で判定する方法のほうがはるかに便利である．すなわち，もし隣接項の係数の比の絶対値の極限が存在するならば，収束半径は

$$ R = \lim_{k \to \infty} \left| \dfrac{a_k}{a_{k+1}} \right| $$

である（→ 第5章，3.2）．項が規則的に欠落している級数の場合のことも同じ個所を参照されたい．

4.3 一様収束

関数列の収束 $f_n(z) \to f(z)$ を問題にするときには（実関数の場合と同様，→ 第5章，2.1），各点収束（点によって「収束の速さ」が著しく異なることがある）と一様収束とを区別することがたいせつである．ここで**一様収束**とは

次のような意味である：

$f_n(z)$ が $D \subseteq \boldsymbol{C}$ において $f(z)$ に一様に収束するとは，どんなに小さい正数 ε が与えられたとしても，すべての $z \in D$ に対して共通な自然数 $N(\varepsilon)$ が存在して，$n \geqq N(\varepsilon)$ であるすべての関数 f_n の値 $f_n(z), z \in D$，が $f(z)$ の ε-近傍に入ってしまうことをいう．

特に $\boldsymbol{C}$ におけるべき級数については，実関数の場合と同じように次のことが成り立つ（→ 第5章, 3.1）：

収束半径 R のべき級数

$$\sum_{k=0}^{\infty} a_k(z-z_0)^k$$

は閉円板

$$|z-z_0| \leqq r < R$$

において絶対かつ一様に収束する．

べき級数の形に表わされる関数

$$f(z) = \sum_{k=0}^{\infty} a_k(z-z_0)^k, \quad |z-z_0| < R$$

が種々の「美しい」性質をそなえているのはこのことがあるからである（→ §5, §6）．特に，このことのために $f(z)$ は $|z-z_0| < R$ で連続である．

練習問題

1. 次の関数項級数の収束域を求めよ．具体的に和を求め，どの級数もべき級数とは異なる振舞をすることを確かめよ：

$$\sum_{k=0}^{\infty}(1-z^2)^k, \quad \sum_{k=0}^{\infty}z(1-z^2)^k, \quad \sum_{k=0}^{\infty}(4-z^2)^k.$$

級数 $\sum_{k=0}^{\infty} z^2(1-z^2)^k$ を $z=0$ を中心とするべき級数に展開するとどんな形になるか．

2. 幾何級数

$$\sum_{n=0}^{\infty} z^n = \frac{1}{1-z}, \quad |z| < 1$$

を用いて $z = 0$ のまわりの $\dfrac{1}{z + 2i}$ のべき級数展開を求めよ．その収束域はどこか．

3. $z \in \mathbf{C}$ とするとき，級数 $\displaystyle\sum_{k=1}^{\infty} \dfrac{k}{e^{kz} - 1}$ の収束域を求めよ．（商判定法！）

4. チェビシェフ多項式（P. L. Chebyshev, 1821–1894）は，実関数としては
$$T_n(x) = \cos(n \arccos x), \quad |x| \leq 1$$
と定義されている（第 3 章, 3.3, 例 2）．複素関数としては次のように表わされる：

(ⅰ) $\qquad\qquad\qquad T_n(z) = \dfrac{1}{2}(t^n + t^{-n}),$

ここで

(ⅱ) $\qquad z = \dfrac{1}{2}(t + t^{-1}), \quad t \in \mathbf{C}, \quad 0 < |t| \leq 1, \quad n = 0, 1, 2, \cdots.$

a) $T_n(z) = \dfrac{1}{2}\{(z + \sqrt{z^2 - 1})^n + (z - \sqrt{z^2 - 1})^n\}$ であることを示せ．ただし平方根は主値をとるものとする．T_1, T_2, T_3, T_4 の具体形を求めよ．

b) (ⅱ)において $0 < r < |t| \leq 1$ が成り立つのは，z がある楕円 E_r（焦点 ± 1）の内部にあるときに限る．E_r の主軸の長さを求めよ．

c) $0 < r < 1$ ならば

(ⅲ) $\qquad\displaystyle\sum_{n=0}^{\infty} r^n T_n(z) = \dfrac{1 - rz}{1 - 2rz + r^2} \quad (z \in E_r \text{ で一様に})$

が成り立つ．(ⅰ)と(ⅱ)と(ⅲ)に代入し，b)を用いてこのことを示せ．これからチェビシェフ多項式を使った展開式 $\displaystyle\sum_{n=0}^{\infty} a_n T_n(z)$ の収束域はつねに楕円 E_r であることがわかる（G. Faber, 1877–1966）．

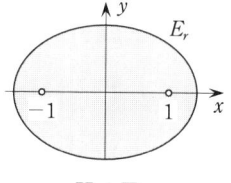

問 4 用

§5. 微分, 解析関数

5.1 定義と演算則
$G \subseteq \boldsymbol{C}$ は領域で, $f: G \to \boldsymbol{C}$ とする.
a) 極限値
$$\frac{df}{dz}(z_0) := f'(z_0) := \lim_{z \to z_0} \frac{f(z) - f(z_0)}{z - z_0}$$
が存在するとき, f は $z_0 \in G$ で (**複素**) **微分可能**であるという. $f'(z_0)$ は f の導関数の z_0 における値である.
b) 各 $z \in G$ において導関数 $f'(z)$ が存在するときには, $f: G \to \boldsymbol{C}$ は G において**解析的**(あるいは**正則**)であるという.

演算則. 以下のことは実関数の場合と全く同様にして証明することができる (→ 第3章, 定理 1.2).

a) 線形性: $\{af(z) + bg(z)\}' = af'(z) + bg'(z),$
b) 積の微分則: $(f(z)g(z))' = f'(z)g(z) + f(z)g'(z),$
c) 商の微分則: $\left(\dfrac{f(z)}{g(z)}\right)' = \dfrac{f'(z)g(z) - f(z)g'(z)}{g(z)^2},$

特に
$$\left(\frac{1}{g(z)}\right)' = -\frac{g'(z)}{g(z)^2},$$

d) 合成関数の微分則: $\{f(g(z))\}' = f'(g(z))g'(z).$

例.

$f(z)$	$f'(z)$
z^n	$nz^{n-1}, \ n \in \boldsymbol{N}$
$a_n z^n + \cdots + a_1 z + a_0$	$na_n z^{n-1} + \cdots + 2a_2 z + a_1$
$\dfrac{az+b}{cz+d}$	$\dfrac{ad-bc}{(cz+d)^2}$

加法定理と極限値の演算則によって次のことが示される:

§5. 微分, 解析関数　47

$f(z)$	$f'(z)$	定義域
e^z	e^z	$\boldsymbol{C}$
e^{az}	$a\,e^{az}$	$\boldsymbol{C}$
$\sin z$	$\cos z$	$\boldsymbol{C}$
$\cos z$	$-\sin z$	$\boldsymbol{C}$
$\cosh z$	$\sinh z$	$\boldsymbol{C}$
$\sinh z$	$\cosh z$	$\boldsymbol{C}$
$\operatorname{Log} z$	$\dfrac{1}{z}$	$\boldsymbol{C} \setminus \{x \mid x \leqq 0\}$
$\sqrt{z}$	$\dfrac{1}{2\sqrt{z}}$	$\boldsymbol{C} \setminus \{x \mid x \leqq 0\}$

注意. $\operatorname{Log} z$ ($\log z$ の主値) と $\sqrt{z}$ の主値とは負の実軸に入れた切れ目に沿って不連続であるから，その上では微分可能でない． □

実関数の場合と同様に，べき級数の「美しい」収束性から次の定理が得られる（→ 第 5 章, 定理 3.2, 定理 3.4）．

定理 5.1. 収束半径 R のべき級数 $\sum_{k=0}^{\infty} a_k(z-z_0)^k$ は収束円の内部では解析関数を表わす．

$$f(z) = \sum_{k=0}^{\infty} a_k(z-z_0)^k, \quad |z-z_0| < R.$$

その導関数は項別微分によって得られる．

$$f'(z) = \sum_{k=1}^{\infty} k a_k(z-z_0)^{k-1}.$$

右辺の級数は $f(z)$ を表わす級数と等しい収束半径 R をもっている．係数は次のように一意に決まっている．

(1) $$a_n = \frac{1}{n!} f^{(n)}(z_0), \quad n = 0, 1, 2, \cdots. \qquad \square$$

例. $$f(z) = \sum_{k=0}^{\infty} \frac{k^k}{k!} z^k, \quad |z| < \frac{1}{e},$$

$$f'(z) = \sum_{k=1}^{\infty} k \frac{k^k}{k!} z^{k-1} = \sum_{k=0}^{\infty} \frac{(k+1)^{k+1}}{k!} z^k, \quad |z| < \frac{1}{e},$$

$$f^{(n)}(0) = n! a_n = n^n. \qquad \square$$

5.2 コーシー–リーマンの方程式

無限小を表わす o–記号は，実関数の場合と同様に次のように定義する：

$$f(z) = g(z) + o(|z - z_0|^k) \iff \lim_{z \to z_0} \frac{f(z) - g(z)}{|z - z_0|^k} = 0$$

(→ 第 7 章，2.4)．これを使うと，z_0 における微分可能性は次のように書くことができる：

(2) $\qquad f(z) = f(z_0) + f'(z_0)(z - z_0) + o(|z - z_0|).$

定理 5.2. 解析関数を特徴づける性質．

関数 $f(x + iy) = u(x, y) + iv(x, y)$ が領域 $G \subseteq \mathbb{C}$ で解析的であるのは，実のベクトル場 $v : \begin{bmatrix} x \\ y \end{bmatrix} \mapsto \begin{bmatrix} u(x, y) \\ v(x, y) \end{bmatrix}$ が G で全微分可能であって，かつ **コーシー–リーマンの微分方程式**（今後 CR 方程式と略すことにする）

$$(3) \qquad \frac{\partial u}{\partial x} = \frac{\partial v}{\partial y}, \qquad \frac{\partial u}{\partial y} = -\frac{\partial v}{\partial x}$$

を満たしているときに限る．この場合には

$$(4) \qquad f'(z) = \frac{\partial}{\partial x} u(x, y) + i \frac{\partial}{\partial x} v(x, y) = \frac{\partial}{\partial y} v(x, y) - i \frac{\partial}{\partial y} u(x, y)$$

が成り立つ．

証明． $f'(z_0) = a + ib$ とすれば，実数の記法で (2) は

$$\begin{bmatrix} u(x, y) \\ v(x, y) \end{bmatrix} = \begin{bmatrix} u(x_0, y_0) \\ v(x_0, y_0) \end{bmatrix} + \begin{bmatrix} a & -b \\ b & a \end{bmatrix} \begin{bmatrix} x - x_0 \\ y - y_0 \end{bmatrix} + o\left(\left| \begin{bmatrix} x - x_0 \\ y - y_0 \end{bmatrix} \right| \right)$$

(すべての $z_0 = x_0 + iy_0 \in G$ について) となる．第7章，4.1 を見ればわかるように，これは v が全微分可能であること，およびヤコビ行列（C. G. J. Jacobi, 1804–1851) に対して

$$J_v = \begin{bmatrix} u_x & u_y \\ v_x & v_y \end{bmatrix} = \begin{bmatrix} a & -b \\ b & a \end{bmatrix}$$

が成り立っていることを表わしている．□

第7章，定理 2.4 と組み合わせれば，関数の解析性を判定する簡単な方法が得られたことになる．すなわち

系 1. u, v を C^1 関数とする．$f(z) = u(x, y) + iv(x, y)$ が解析的であることは，G で CR 方程式 $u_x = v_y, v_y = -v_x$ が成り立つことと同等である．□

例． $f(z) = z^2 = u + iv$ とすれば $u = x^2 - y^2, v = 2xy$ で，u と v はともに C^1 関数である．$u_x = 2x = v_y, u_y = -2y = -v_x$ であるから f は解析関数で，導関数は

$$f'(x) = u_x + iv_x = 2x + 2iy = 2z$$

である．□

反例． 次の関数はどれも解析関数ではない：

$$\bar{z}, \qquad \operatorname{Re} z = \frac{1}{2}(z + \bar{z}), \qquad \operatorname{Im} z = \frac{1}{2i}(z - \bar{z}), \qquad |z|^2 = z\bar{z}.$$

例えば $\bar{z} = x - iy$ についていえば $u = x, v = -y$ であるから

$$u_x = 1 \neq -1 = v_y. \qquad \square$$

系 2. 解析関数 $f, g : G \to \mathbf{C}$ について次のことが成り立つ：

$$f' = g' \ (G \text{ の上で}) \implies f(z) = g(z) + \text{定数} \quad (z \in G).$$

証明． $f - g = u + iv$ とすれば(4)により G において $u_x = u_y = v_x = v_y = 0$ が成り立つ．これから $u = c_1, v = c_2$，したがって $f - g = c_1 + ic_2 = $ 定数 である．□

系 3. $G \subseteq \mathbf{C}$ における解析関数 f について次のことが成り立つ：

$$|f(z)| = \text{定数} \implies f(z) = \text{定数}.$$

証明． $f(z)\overline{f(z)} = |f(z)|^2 = $ 定数 であるから $f(z) = u + iv$ とともに $\overline{f(z)} = u - iv$ も解析関数である．したがって

$$u_x = v_y = -v_y, \ u_y = -v_x = v_x \implies u_x = u_y = v_x = v_y = 0. \qquad \square$$

5.3 導関数の幾何学的意味

関数 f は領域 G で解析的,かつ $f'(z) \neq 0$ であるとする.式(2)によれば,写像 $z \mapsto f(z)$ は z_0 の小さい近傍では $z \mapsto f'(z_0)(z - z_0) + f(z_0)$ と近似することができる.ところがこれは 2.1,例 1,例 2 で示したように,伸縮回転に平行移動を重ねたものを表わしている.そして回転角は $\operatorname{Arg} f'(z_0)$,拡大率は $|f'(z_0)|$ である.

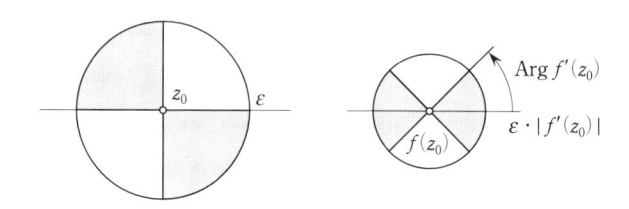

図 153 $z \mapsto f(z)$ を顕微鏡で見たところ

定理 5.3. **解析的写像の等角性.** $f : G \to \boldsymbol{C}$ は解析関数,G で $f'(z) \neq 0$ であるとする.このとき写像 $f : G \to \boldsymbol{C}$ は**共形**(:= **等角**)かつ**向き不変**である.すなわち点 $z \in G$ を通る 2 曲線の交角と $f(z)$ を通る両写像曲線の交角とは,角を測る際の回転の向きまで含めて等しい.

証明. 正則な曲線部分 $z(t), a < t < b$ の上の点 $z_0 = z(t_0)$ における接線の方向は $\dot{z}(t_0)$ で与えられる.像曲線の上の点 $f(z_0)$ における接線は,合成関数の微分則によって $f'(z_0)\dot{z}(t_0)$ に平行である.したがって,z_0 における接線の方向の写像は $z \mapsto f'(z_0)z$ である.ところがこれは伸縮回転 (→ 2.1,例 2) であるから,2 直線間の角と,それを測る回転の向きとは同一に保たれる.□

系. $f : G \to \boldsymbol{C}$ は解析関数であって,
$$f(z) = f(x + iy) = u(x, y) + iv(x, y),$$
かつ G で $f'(z) \neq 0$ であるとする.このとき次のものは直交している.

a) w 平面において,z 平面の座標線 $x =$ 定数,$y =$ 定数 の像,
b) z 平面において,等高線 $u(x, y) =$ 定数,$v(x, y) =$ 定数.

証明. 等角写像性による.□

例 1. 2 乗の写像 $f(z) = z^2$ は $z \neq 0$ では共形(等角)である.しかし $z = 0$ では角が 2 倍になる (→ 2.1,例 4).

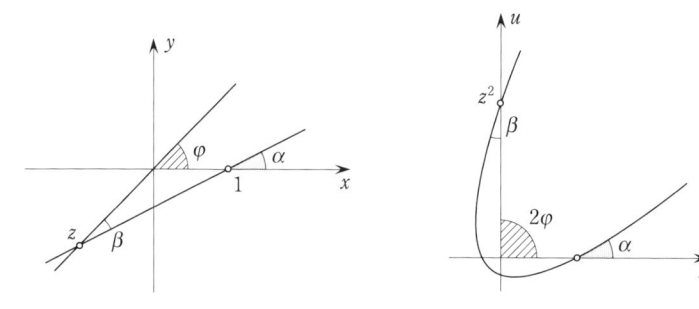

図 154　$f(z)=z^2$ は $z \neq 0$ では共形である.

2. メービウス写像

$$f(z) = \frac{az+b}{cz+d}, \ ad - bc \neq 0$$

については $f'(z) = \dfrac{ad-bc}{(cz+d)^2}$ である．これは $cz+d \neq 0$ を満たすすべての点で共形である（→ 3.2）．

3. ジューコフスキー写像

$$w = \frac{1}{2}\left(z + \frac{1}{z}\right)$$

については $w' = \dfrac{1}{2}\left(1 - \dfrac{1}{z^2}\right)$ である．これは $z \neq \pm 1$ の点で共形である．この関数は次の形に変形できる．

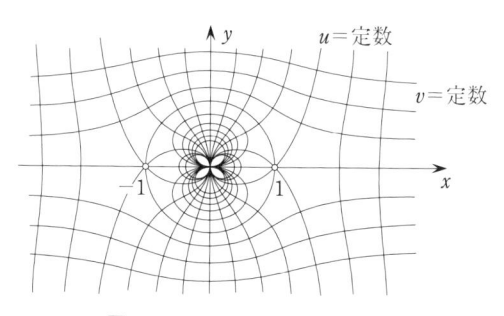

図 155　ジューコフスキー写像

52 第10章 関数論

(5)
$$\frac{w-1}{w+1} = \left(\frac{z-1}{z+1}\right)^2.$$

系のb)の部分を説明するために，z 平面における等高線 $u(x,y) = $ 定数 と $v(x,y) = $ 定数 とが互いに直交している有様を図155に示す．

式(5)からわかるように，$z = \pm 1$ では写像

$$z \mapsto w(z) = \frac{1}{2}\left(z + \frac{1}{z}\right)$$

によって角が2倍になる．そしていろいろな集合の間に以下のような写像関係がある：

円 $|z| = 1$ は2点 $w = \pm 1$ を結ぶ線分 S (2重，切れ目)に，

領域 $|z| > 1$ は全 w 平面(ただし切れ目 S を除く)に，

円 $|12z - 5i| = 13$ は $w = \pm 1$ を通る円弧状の切れ目(図156)に，

円 $|10z + 2 - 5i| = 13$ はクッタ・ジューコフスキー翼型(図156)に．

クッタ (W. M. Kutta, 1902) とジューコフスキー (N. J. Joukowski, 1906) は飛行機の翼に働く揚力を，このような図形を使ってはじめて数学的に研究した．□

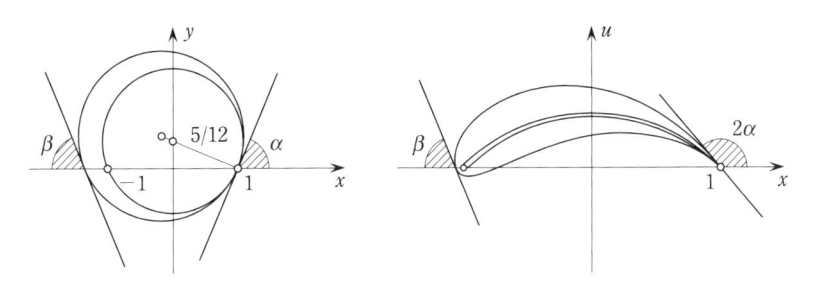

図156 クッタ・ジューコフスキー翼形

5.4 導関数の物理的意味：複素ポテンシャル

領域 G における解析関数 $f(z) = u(x,y) + iv(x,y)$ は渦なしでわき口なしの2次元的な流れの場の複素(速度)ポテンシャルと解釈することができる．ここで $u(x,y)$ は実の(速度)ポテンシャル，$u(x,y) = $ 定数 は等ポテンシャル

線，$v(x, y) = $ 定数 は**流線**（等ポテンシャル線に直交する）を表わす（→ 5.3, 系）．

流れの場（流速場）$\boldsymbol{q}(x, y) = [q_1(x, y), q_2(x, y)]^T$，ただし $q_1 = u_x, q_2 = u_y$，の複素表示を $q = q_1 + iq_2$ としよう．式(3), (4)からこれは
$$q(z) = u_x + iu_y = u_x - iv_x = \overline{f'(z)}$$
と書くことができる．

以上のことを整理すると

$f(z) = u(x, y) + iv(x, y)$　　複素速度ポテンシャル，
$u(x, y) = $ 定数　　等ポテンシャル線，
$v(x, y) = $ 定数　　流線，
$q(z) = \overline{f'(z)}$　　速度場，
$f'(z) = 0$　　よどみ点．

例1．平行流． $f(z) = v_0 e^{-i\alpha} z$　$(\alpha, v_0 \in \boldsymbol{R})$．
速度場：$q = \overline{f'(z)} = v_0 e^{i\alpha}$　（速さ v_0，方向 $e^{i\alpha}$），
等ポテンシャル線：$u(x, y) = v_0(x \cos \alpha + y \sin \alpha) = u_0$，
流線：$v(x, y) = v_0(-x \sin \alpha + y \cos \alpha) = v_0$．
特に $f(z) = z$ は x 軸に平行で速さが1の流れ，
等ポテンシャル線：$x = $ 定数，流線：$y = $ 定数．　　□

例2．わき出し流． $f(z) = k \operatorname{Log}(z - a)$，$z \neq a, k > 0$．
速度場：$q = \overline{f'(z)} = \dfrac{k}{\bar{z} - \bar{a}}$，
等ポテンシャル線：$k \ln |z - a| = $ 定数　（中心 a の円），
流線：$k \operatorname{Arg}(z - a) = $ 定数　（a から出る放射線）．　　□

例3．循環流． $f(z) = -ik \operatorname{Log}(z - a)$，$z \neq a, k > 0$．
速度場：$q = \overline{f'(z)} = -\dfrac{ik}{\bar{z} - \bar{a}}$，
等ポテンシャル線：a からでる放射線，
流線：中心 a の円（正の回転の向き）．（図157）　　□

図 157 循環流

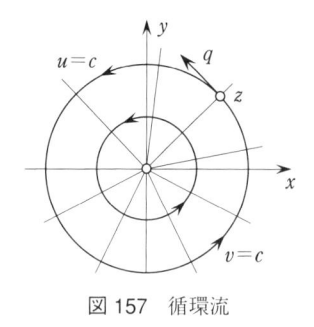

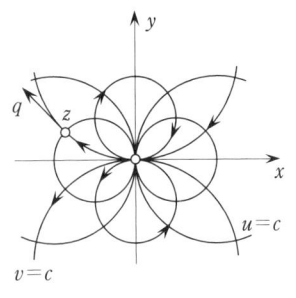

図 158 二重わき出し流

例 4．二重わき出し流． $f(z) = \dfrac{1}{z}$, $z \neq 0$.

等ポテンシャル線：$\left(x - \dfrac{1}{2c}\right)^2 + y^2 = \left(\dfrac{1}{2c}\right)^2$,

流線：$x^2 + \left(y + \dfrac{1}{2c}\right)^2 = \left(\dfrac{1}{2c}\right)^2$．（図158） □

単純な微分則の中には物理的な意味をもっているものがある：

① **重ね合わせの原理**（線形性）．

$$\left.\begin{array}{l} f_1, f_2 : G における複素ポテンシャル \\ a, b \in \boldsymbol{C} \end{array}\right\} \Longrightarrow \begin{array}{l} af_1 + bf_2 : \\ G における複素ポテンシャル． \end{array}$$

② **複素ポテンシャルの移しかえの原理**（合成関数の微分則）．

$$\left.\begin{array}{l} f : G における複素ポテンシャル \\ h : B \to G \text{ 解析的，全単射} \end{array}\right\} \Longrightarrow \begin{array}{l} f(h(z)) : \\ B における複素ポテンシャル \end{array}$$

例 5．円のまわりの流れ． $f(z) = v\left(z + \dfrac{r^2}{z}\right)$, $z \neq 0$, $r, v \in \boldsymbol{R}$, $r > 0$.

これは x 軸に沿う平行流 vz（例1）と二重わき出し流 $\dfrac{vr^2}{z}$（例4）の重ね合わせである（図155，→ 問題 7）．□

例 6．円のまわりの循環をもつ流れ．

$$f(z) = v\left(z + \dfrac{r^2}{z}\right) - ik \operatorname{Log} z, \quad z \neq 0, \quad r, v, k \in \boldsymbol{R}.$$

これは例5と例3の流れの重ね合わせである（図159（k の種々の値に対して），→ 問題 7）．□

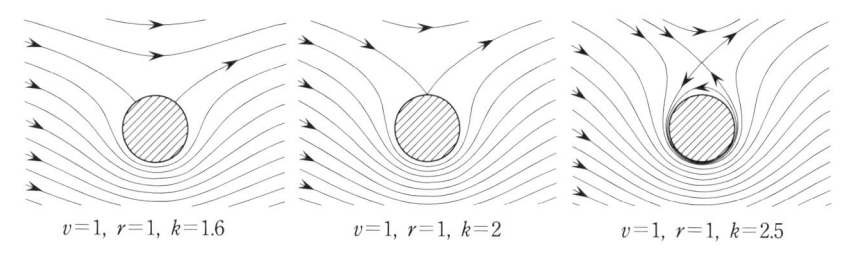

$v=1, r=1, k=1.6$　　　$v=1, r=1, k=2$　　　$v=1, r=1, k=2.5$

図 159　円のまわりの循環をもつ流れ

静電気学における 2 次元ポテンシャルの場についても，流れの場と同じ意味づけができる．その場合には，流れの場の流線は電気力線に，流速 $q(z)$ は電場の強さにそれぞれ読みかえればよい．

例 7.　点 a と b にある 2 個の点電荷のまわりに生じる電場（図160）．

a）　点 a に $+1$ の電荷，点 b に -1 の電荷がある場合の電場の複素ポテンシャルは，例 2 を参照して
$$f(z) = \text{Log}\,(z-a) - \text{Log}\,(z-b)$$
と表わされる．

b）　原点にある点電荷による場（→例2）に $h(z) = \dfrac{z-a}{z-b}$ （$z \neq b$ で解析的，$h'(z) \neq 0$）を合成すると
$$F(z) = \text{Log}\,(h(z)) = \text{Log}\,\frac{z-a}{z-b}$$
が得られる．h は a と b を通る円群を，原点を通る直線群に写像する．それに直交する円群は a と b にある電荷による場の等ポテンシャル線を表わす．

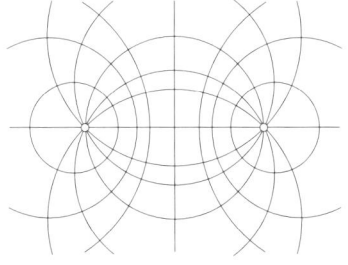

図 160　2 点電荷のまわりの場

a) と b) のポテンシャル f と F は分枝の選び方によって純虚の定数だけの差がある．□

例 8．接地した棒のまわりの電場． $f(z) = \sqrt{z^2 + 1}$.

関数 $w = \sqrt{z^2 + 1}$ によって $z = 0$ と $z = i$ の間に切れ目を入れた上半平面が，w の上半平面に共形に写像される．したがって，w の上半平面にある平行場 w は切れ目の入った z 平面に移される（→§2，問題 12，図161）．□

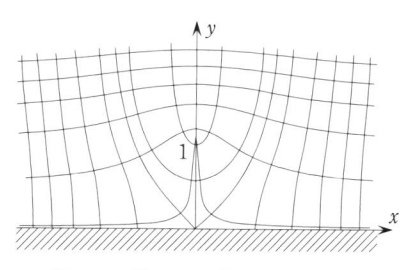

図 161　接地した棒のまわりの場

練習問題

1. 次の各関数が（複素）微分可能なのはどの点か，また解析的であるのはどの領域か：
$$z^3; \quad |z|^2; \quad z\,\mathrm{Re}\,z; \quad \arg z - i\ln|z|.$$

2. $w = z^2$ の導関数を求め，この写像 w の点 $z = 1$ および $z = 1 + i$ における（局所）回転角と（局所）伸縮率を計算せよ．次に，$z = 1$ を通る任意の 2 直線をパラメータ形式で写像し，交点における像の接線間の角を計算することによって写像の等角性を確かめよ（図153，154）．

3. 合成関数の微分則を使って，z 平面の極座標を用いた表現
$$f(z) = u(x, y) + iv(x, y) = U(r, \varphi) + iV(r, \varphi)$$
についての CR 方程式が
$$r\frac{\partial U}{\partial r} = \frac{\partial V}{\partial \varphi}, \quad \frac{\partial U}{\partial \varphi} = -r\frac{\partial V}{\partial r}$$
となることを示せ．

4. ラプラス演算子（P. S. Laplace, 1749–1827）を $\Delta = \dfrac{\partial^2}{\partial x^2} + \dfrac{\partial^2}{\partial y^2}$ とする．領域

G における解析関数 $f(z) = u(x, y) + iv(x, y)$, $z = x + iy$ に対して次のことが成り立つことを示せ：

a）G において $\Delta u = 0$, $\Delta v = 0$.

b）$\Delta |f|^2 = 4|f'|^2$.

5. ジューコフスキー写像 $z \mapsto \dfrac{1}{2}\left(z + \dfrac{1}{z}\right)$ によって以下のような写像がなされることを示せ（$z = x + iy$, $w = u + iv$）：

a）$|z| = 1$ は $|u| \leqq 1$, $v = 0$ に（2重に）．

b）$|z| \leqq 1$ は 全 w 平面に．

c）$z = re^{i\varphi}$ は $u = \dfrac{1}{2}\left(r + \dfrac{1}{r}\right)\cos\varphi$, $v = \dfrac{1}{2}\left(r - \dfrac{1}{r}\right)\sin\varphi$ に．

d）$|z| = $ 定数 は焦点 ± 1 の楕円に．

e）$\arg z = $ 定数 は焦点 1 または -1 の双曲線の一方の枝に．

f）1 と -1 を通る円は 1 と -1 を結ぶ円弧状の切れ目に．

（ヒント：式(5)に従ってメービウス写像，2乗写像，メービウス写像という一連の写像に分解して考える．）

6. 複素速度ポテンシャルが $f_1(z) = iz$ の流れ，および $f_2(z) = i\log(z - 1)$ の流れについて，それぞれ速度 q と流線とを求め，流れの模様を図示せよ．両方を重ねた流れ $f_1(z) + f_2(z)$ のよどみ点はどこにあるか．

7. a）円 $|z| = 1$ のまわりの流れの複素速度ポテンシャル $f(z) = \dfrac{1}{2}\left(z + \dfrac{1}{z}\right)$ から，流速 $\overline{f'(z)}$，よどみ点の位置，流線の方程式 $\mathrm{Im}\,f = $ 定数 を求めよ（→ 5.3, 例 3）．次に，$|z| = 1$ と $\{x + iy \mid |x| > 1, y = 0\}$ が流線であることを確かめよ（→ 問題 5, 図 155）．

b）a）の流れに循環流を重ね合わせると，ポテンシャル
$$F(z) = \dfrac{1}{2}\left(z + \dfrac{1}{z}\right) + ik\,\mathrm{Log}\,z, \quad k \geqq 0$$
の流れが得られる．流速 $q = \overline{F'(z)}$，よどみ点の位置，流線の方程式を求め（図 159），$|z| = 1$ が流線であることを確かめよ．

c）写像 $z \mapsto t = (-0.2 + 0.5i) + 1.3z \mapsto w = \dfrac{1}{2}\left(t + \dfrac{1}{t}\right)$ によって $|z| = 1$ は w 平面のジューコフスキー翼形 J に写像される．逆写像を $z(w)$ とすると，$G(w) = F(z(w))$ は翼形 J のまわりの流れの複素ポテンシャルを表わす．$k = 0$ の場合に J の上のよどみ点はどこになるか．

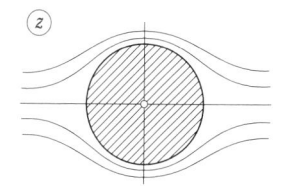

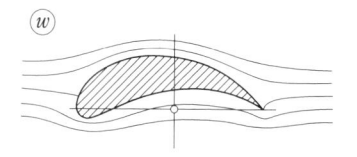

問 7（c）用

d） なめらかに剝離するための条件（W. Kutta, 1910）．

k の値がいくらのとき J のまわりの流れがなめらかなものとなるか．言いかえると，$G(w)$ が表わす流れの場のよどみ点が翼形の後端 $w=1$ と一致するときの k の値 k_0 を求めよ．

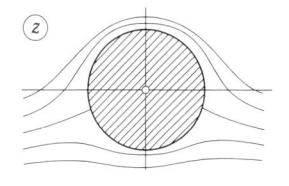

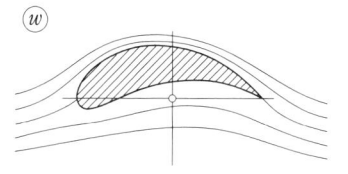

問 7（d）用

e） なめらかな流れ（$k=k_0$）による揚力（→ 9.7）．

上図の流線の形から流速 $|\boldsymbol{v}|$ がどのようであるかを定性的に推論し，ベルヌーイの定理

$$\frac{\rho}{2}|\boldsymbol{v}|^2 + p = 定数 \quad (\rho：密度)$$

から翼の上面と下面の圧力 p について考察せよ．

注意． ジューコフスキー関数がここでは二度使われている．一度目は円のまわりの流れ場の複素速度ポテンシャルとして，二度目は翼形のまわりの流れを円のまわりの流れに移しかえる際の写像関係としてである．

8. 床に置いた円柱を越える流れ．

関数 $f(z) = \pi \coth \dfrac{\pi}{z}$ を考えよう．

a） $f'(z)$，$\overline{f'(2i)}$，$\lim\limits_{x \to \infty} f'(x+i0)$，$q_\infty := \lim\limits_{z \to \infty} \overline{f'(z)}$ を求めよ．

b) $z \mapsto \zeta = \dfrac{\pi}{z} \mapsto w = \pi \coth \zeta$ という写像の手順をへて，f が領域 $\{z \mid |z-i| > 1, \operatorname{Im} z > 0\}$ を上半平面 $\operatorname{Im} w > 0$ に共形に写像することを確かめよ．

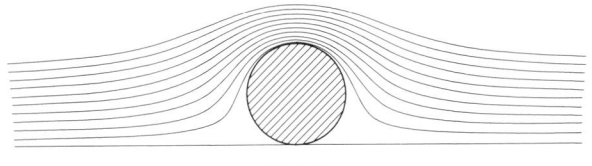

問 8 用

9. 水路の縁にあるわき口．
  a) 帯状域 $0 \leqq \operatorname{Im} z \leqq \pi$ $(z \neq 0)$ の，関数 $F(z) = \operatorname{Log}\left(\sinh \dfrac{z}{2}\right)$ による像を求めて図示せよ．
  b) $F(z)$ を複素ポテンシャルとする流れの流線の概形を描け．よどみ点はどこにあるか．
  c) b) の流れに平行流を重ねた流れ場 $f(z) = z + F(z)$ のよどみ点はどこにあるか（下図参照）．

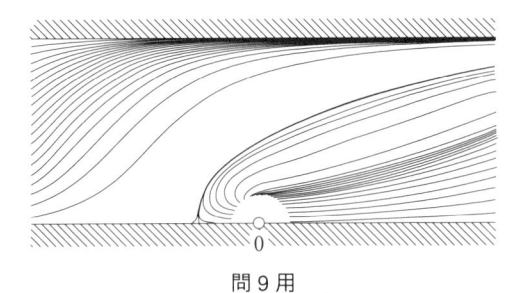

問 9 用

10. 次のことを確かめよ：
$f(z)$ と $g(z)$ が領域 G で解析的ならば
$$F = \bar{z} f(z) + z \overline{f(z)} + g(z) + \overline{g(z)}, \quad z = x + iy$$
は実変数 x, y の実関数であって，弾性体の理論に現われる重調和方程式
$$\dfrac{\partial^2 F}{\partial x^4} + 2 \dfrac{\partial^4 F}{\partial x^2 \partial y^2} + \dfrac{\partial^4 F}{\partial y^4} = 0$$
を満たす．

§6. 積　　分

6.1 基　　礎

平面曲線 $C(t) = [x(t), y(t)]^T$, $a \leqq t \leqq b$ （→ 第 8 章，§2）は複素平面上の曲線としては $C(t) = x(t) + iy(t)$ という形に表わされる．連続性と微分可能性という術語は実変数 t に関して用いることにすると，導関数（接線ベクトルの複素表示）は $\dot{C}(t) = \dot{x}(t) + i\dot{y}(t)$ である．これをもとにすると，連続で複素数値をとる関数

$$f(t) = u(t) + iv(t), \quad a \leqq t \leqq b$$

に対して積分

$$(1) \quad \int_a^b f(t)\, dt := \int_a^b u(t)\, dt + i\int_a^b v(t)\, dt$$

を考えることができる．そこで

定義． $G \subseteq \mathbf{C}$ を領域とする．$f: G \to \mathbf{C}$ は連続関数，$C: [a, b] \to G$ は連続微分可能な曲線とするとき

$$(2) \quad \int_C f(z)\, dz := \int_a^b f(C(t))\dot{C}(t)\, dt$$

を f の C に沿う**積分**（曲線積分）という．有限個の連続微分可能な曲線部分 $C_1, \cdots, C_n$ から成り立っている曲線 C （→ 第 8 章，§2）に対しては

$$(3) \quad \int_C f(z)\, dz := \sum_{k=1}^n \int_{C_k} f(z)\, dz$$

と定義する．□

注意． 第 4 章の導入部で見たように，積分のこの定義は原始関数 $F(z)$ $(F'(z) = f(z))$ を求めることのよりどころにすることができる．それは式(2)が形の上でちょうどリーマン和

$$\sum_{k=1}^n f(z_k)(z_k - z_{k-1})$$

の極限になっているからである．しかし以下で見るように，この定義は実際には物理的な根拠から導かれた．□

§6. 積　分　**61**

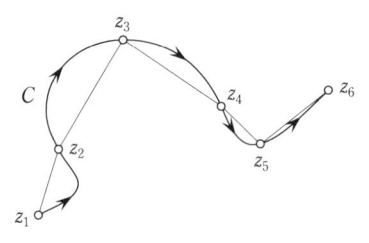

図 162　リーマン和

$f = u + iv$, $C(t) = x + iy$, $dx = \dot{x}dt$, $dy = \dot{y}dt$, および (1) によって, (2) は

(4) $$\int_C f(z)\,dz = \int_a^b (u\dot{x} - v\dot{y})\,dt + i\int_a^b (v\dot{x} + u\dot{y})\,dt$$
$$= \int_C (u\,dx - v\,dy) + i\int_C (v\,dx + u\,dy)$$

と書くことができる. すなわち, この複素積分は 2 つの曲線積分 (→ 第 8 章) から成り立っていることがわかる:

$$\operatorname{Re}\int_C f(z)\,dz = \int_C (u\,dx - v\,dy),$$
$$\operatorname{Im}\int_C f(z)\,dz = \int_C (v\,dx + u\,dy).$$

物理的意味. 2 次元のベクトル場 $\boldsymbol{q} := \begin{bmatrix} u \\ -v \end{bmatrix}$ を使っていうならば

$\operatorname{Re}\int_C f(z)\,dz$ は C に沿う $\boldsymbol{q}$ の**循環**,

$\operatorname{Im}\int_C f(z)\,dz$ は C を抜ける $\boldsymbol{q}$ の**通過量** (→ 第 8 章, 2.4ⓑ)

である.

記号. 自身で交わることのない閉曲線 C は, 複素平面 $\mathbb{C}$ を C の有界な内

部と有界でない外部とに分ける．C の内部を左に見るように回る向きを C の正の向きという．C をこの向きに回って積分することを

$$\oint_C f(z)\,dz := \int_C f(z)\,dz$$

と書く．また，円 $K: z(t) = a + re^{it}, 0 \leq t \leq 2\pi$ を正の向きに 1 回だけ回る場合には

$$\oint_{|z-a|=r} f(z)\,dz := \int_K f(z)\,dz$$

と書く．

複素曲線積分 $\int_C f(z)\,dz$ の計算．

手順 1 C の区分的に連続微分可能なパラメータ表示を行なう：
$$C_k : [a_k, b_k] \longrightarrow C, \quad 1 \leq k \leq n.$$

手順 2 $\int_{C_k} f(z)\,dz$ の中に $z(t) := C_k(t), dz = \dot{z}(t)\,dt$ を代入し，積分限界を a_k, b_k と書いて，

$$\int_{C_k} f(z)\,dz = \int_{a_k}^{b_k} (u\dot{x} - v\dot{y})\,dt + i\int_{a_k}^{b_k} (v\dot{x} + u\dot{y})\,dt$$

とする．

手順 3 上式の実積分を実行して加え合わせる：

$$\int_C f(z)\,dz = \int_{C_1} f(z)\,dz + \cdots + \int_{C_n} f(z)\,dz.$$

例 1．基本積分． 次の積分は関数論の礎石ともいうべきものである：

$m \in \mathbf{Z},\ a \in \mathbf{C},\ r > 0$ とすれば

(5) $\displaystyle\oint_{|z-a|=r} (z-a)^m\,dz = \begin{cases} 0, & m \neq -1 \\ 2\pi i, & m = -1 \end{cases}.$

手順1　パラメータ表示は $z(t) = a + re^{it}$, $0 \leq t \leq 2\pi$.
手順2　$z = z(t) = a + re^{it}$, $dz = \dot{z}(t)\,dt = ire^{it}\,dt$.
積分限界 $0, 2\pi$ を代入して積分を実行する：

$$\oint_{|z-a|=r} (z-a)^m\,dz = \int_0^{2\pi} r^m e^{imt} ire^{it}\,dt$$

$$= ir^{m+1} \int_0^{2\pi} e^{i(m+1)t}\,dt$$

$$= \begin{cases} \left[\dfrac{ir^{m+1}}{i(m+1)} e^{i(m+1)t} \right]_0^{2\pi}, & m \neq -1 \\ i \displaystyle\int_0^{2\pi} dt, & m = 1 \end{cases}$$

$$= \begin{cases} 0, & m \neq -1 \\ 2\pi i, & m = -1 \end{cases}. \qquad \Box$$

例2.　$\int_C \bar{z}\,dz$ を 2 通りの道に沿って計算する（図163）：

a) C は C_1 と C_2 から成る.
b) C は C_3 と C_4 から成る.

a) **手順1**　パラメータ表示は
　$C_1 : z(t) = -i + t$, $-1 \leq t \leq 1$,
　$C_2 : z(t) = 1 + it$, $-1 \leq t \leq 1$.

　手順2　代入して積分を実行する：

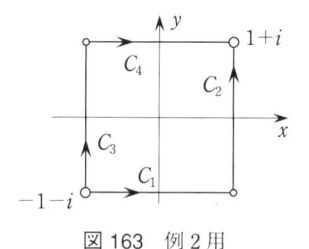

$$\int_C \bar{z}\,dz = \int_{C_1} \bar{z}\,dz + \int_{C_2} \bar{z}\,dz$$

$$= \int_{-1}^1 (i+t)\,dt + \int_{-1}^1 (1-it)i\,dt$$

$$= 2\int_{-1}^1 (i+t)\,dt = 4i.$$

図 163　例 2 用

b) 同様にして

$$\int_C \bar{z}\,dz = -4i. \qquad \Box$$

例 3. $f(z) = 2z^2 + 5z$ について $\int_C f(z)\,dz$ を 3 通りの道に沿って計算する：

a) $C = C_1$, b) $C = C_2$, c) $C = C_3 = \varGamma_1 \cup \varGamma_2$ (図164).

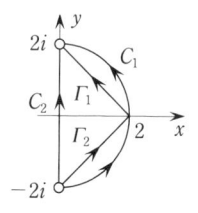

図 164　例 3 用

手順 1　パラメータ表示：

$C_1 : z(t) = 2\,e^{it}, \quad -\dfrac{\pi}{2} \leqq t \leqq \dfrac{\pi}{2}, \quad dz = 2i\,e^{it}\,dt,$

$C_2 : z(t) = it, \quad -2 \leqq t \leqq 2, \quad dz = i\,dt,$

$\varGamma_1 : z(t) = -2i + (1+i)t, \quad 0 \leqq t \leqq 2, \quad dz = (1+i)\,dt,$

$\varGamma_2 : z(t) = 2 + (-1+i)t, \quad 0 \leqq t \leqq 2, \quad dz = (-1+i)\,dt.$

手順 2　代入して積分を実行する：

a) $\displaystyle\int_{C_1} f(z)\,dz = \int_{-\frac{\pi}{2}}^{\frac{\pi}{2}} (8\,e^{i2t} + 10\,e^{it})2i\,e^{it}\,dt$

$\displaystyle\quad = \int_{-\frac{\pi}{2}}^{\frac{\pi}{2}} (16i\,e^{i3t} + 20i\,e^{i2t})\,dt$

$\displaystyle\quad = \left[\dfrac{16}{3} e^{i3t} + 10\,e^{i2t} \right]_{-\frac{\pi}{2}}^{\frac{\pi}{2}}$

$\displaystyle\quad = \left(-\dfrac{16}{3}i - 10 \right) - \left(\dfrac{16}{3}i - 10 \right) = -\dfrac{32}{3}i.$

b) $\displaystyle\int_{C_2} f(z)\,dz = \int_{-2}^{2} (-2t^2 + 5it)i\,dt$

$\displaystyle\quad = \left[-\dfrac{2}{3} it^3 - \dfrac{5}{2} t^2 \right]_{-2}^{2} = -\dfrac{32}{3}i.$

c) $\displaystyle\int_{C_3} f(z)\,dz = \int_{\Gamma_1} f(z)\,dz + \int_{\Gamma_2} f(z)\,dz = \cdots = -\frac{32}{3}i.$

a), b), c) の結果が同じになったのは偶然ではない (→ (7)). □

例 4. 循環と揚力. 2次元流中に置いた断面形 C の物体のまわりに生じる流れの複素速度ポテンシャル $f(z)$ から, 循環 Γ とこの物体に働く揚力 F を求める (→ 5.4, z 平面に垂直な軸をもつ断面形 C の柱体のまわりの, 非粘性流体のわき口なしで渦なしの流れ).

C を通り抜ける流れがないとすれば, (区分的になめらかな) 曲線 C は閉じた流線を表わす. すなわち流体の速度 $q(z) = \overline{f'(z)}$ は C のなめらかな点では C の接線方向を向いている. したがって,

$$\Gamma = \operatorname{Re} \oint_C f'(z)\,dz = \oint_C f'(z)\,dz$$

である (C を通り抜ける流れがないから).

物体に働く揚力は流体の圧力 $p(z)$ を C に沿って積分したものである. 流線 C の上では**ベルヌーイの法則** (Daniel Bernoulli, 1700–1782)

$$\frac{\rho}{2}|f'(z)|^2 + p(z) = 定数 \quad (\rho : 流体の密度)$$

が成り立つから, 流体が物体におよぼす力を表わす次のブラジウス (H. Blasius, 1910) の公式が導かれる:

$$F = -i\,\frac{\rho}{2}\,\overline{\oint_C f'(z)^2\,dz}.$$

特別の場合として, 円柱にあたる循環流

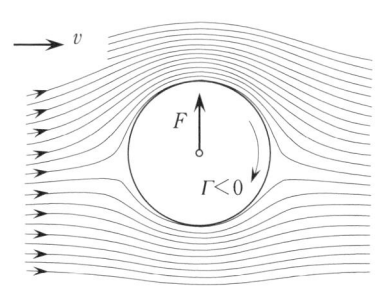

図 165 物体のまわりの $\Gamma < 0$ の流れ

$$f(z) = v\left(z + \frac{1}{z}\right) + ik\operatorname{Log} z \quad (k, v \in \boldsymbol{R},\ |z| \geqq 1)$$

($\to$ 5.4, 例6, 図165) についてこの力を計算しよう. $f'(z) = v\left(1 - \dfrac{1}{z^2}\right) + \dfrac{ik}{z}$ であるから, (5) により

$$F = -i\frac{\rho}{2}(-4\pi vk)$$

となる. 循環は $\varGamma = -2\pi k$ であるから, 流体がおよぼす力を表わすクッタの揚力公式

$$F = -i\rho v\varGamma$$

が得られる. すなわち, x 軸の正方向に流れてくる主流について, 循環 $\varGamma$ が負の場合には, 主流の方向に対して $+\pi/2$ の方向の揚力が働くことになる (図165). 循環がない場合 (図155) には揚力は発生しない ($\to$ 9.7). □

6.2 積分の演算則

積分の定義から以下の演算則が導かれる.

ⓐ **線形性.** $a, b \in \boldsymbol{C}$ に対して

$$\int_C \{af(z) + bg(z)\}\, dz = a\int_C f(z)\, dz + b\int_C g(z)\, dz.$$

ⓑ **積分路についての加法性.** $C = C_1 \cup \cdots \cup C_n$ ($\to$ (3)) ならば

$$\int_C f(z)\, dz = \sum_{k=1}^n \int_{C_k} f(z)\, dz.$$

ⓒ **積分の向きとの関係.** C を逆向きにたどる曲線を C^* と書けば

$$\int_{C^*} f(z)\, dz = -\int_C f(z)\, dz.$$

ⓓ **絶対値の評価.**

$$\left|\int_C f(z)\, dz\right| \leqq \operatorname*{Max}_{z \in C} |f(z)| \cdot [C \text{ の長さ}].$$

証明. ⓓについて. 正則曲線 $z(t),\ \alpha \leqq t \leqq \beta$ の長さは $L = \displaystyle\int_\alpha^\beta |\dot{z}(t)|\, dt$

§6. 積　　分　**67**

(→ 第 4 章，定理 5.1) であるから，$a < b$ とすれば

$$\left| \int_a^b f(z(t))\dot{z}(t)\, dt \right| \leq \int_a^b |f(z(t))|\, |\dot{z}(t)|\, dt$$

$$\leq \left(\underset{a \leq t \leq b}{\mathrm{Max}} |f(z(t))| \right) \int_a^b |\dot{z}(t)|\, dt. \qquad \square$$

6.3 コーシーの積分定理

以下では領域 G は単連結，すなわち「穴があいていない」とする．したがって G 内のどんな閉曲線の内部も G 内に完全に含まれているものとする．

また，自身で交差することのない閉曲線のことを**単純閉曲線**とよぶことにする．

定理 6.1. コーシーの積分定理（関数論の主定理）．$f: G \to C$ を単連結領域 G で解析的な関数とすると，G 内の任意の単純閉曲線 C に対して次式が成り立つ：

$$\text{(6)} \qquad\qquad \oint_C f(z)\, dz = 0.$$

証明（コーシー (Cauchy, 1825) によるもの）．$f = u + iv$ は解析的であるから CR 方程式 $u_x = v_y, u_y = -v_x$ が成り立つ．$f'(z)$ が連続であるという仮定をつけ加えたとすると，グリーンの定理（→ 第 8 章，定理 3.3）を適用することができる．すなわち，C の内部の領域を B と書けば，(4)によって

$$\oint_C f(z)\, dz = \oint_C (u\, dx - v\, dy) + i \oint_C (v\, dx + u\, dy)$$

$$= -\iint_B (u_y + v_x)\, dx\, dy + i \iint_B (u_x - v_y)\, dx\, dy$$

$$= 0 \quad (\text{CR 方程式による}).$$

1900 年にグルサ（E. Goursat, 1858–1936）が「$f'(z)$ が連続である」ことを仮定しないで証明を行なっている．しかし手のこんだ証明なのでここでは述べない．$\square$

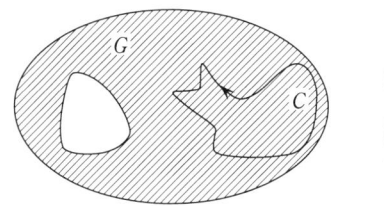

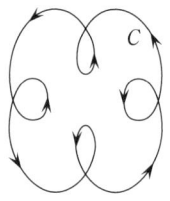

図 166　コーシー積分定理の説明

注意．1． 自身で有限回交差する閉曲線についても，単純閉曲線に分解できることから，上の定理はやはり成り立つ（図166）．

2． どのような領域であっても，C がその領域の単連結な部分領域だけを通っているのであればこの定理が成り立つことはもちろんである．

3． C の内部に「穴」がある場合には，定理は一般には成り立たない． □

成り立たない例． (5)に述べたように，
$$G = \{z \in \mathbf{C} \mid 0 < |z| < 2\} \quad （図167）$$
の場合には
$$\oint_{|z|=1} \frac{1}{z} dz = 2\pi i \neq 0$$
である．□

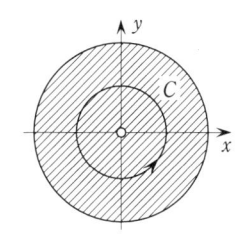

図 167　定理の成り立たない例

定理 6.1. の例．

例 1． $\oint_C (2z^2 + 5z)\, dz = 0$　（→ 6.1，例 3）． □

例 2． $\oint_C e^z\, dz = 0$． □

例 3． $\oint_C \dfrac{e^z}{z^2 + 1} = 0$，ただし $\pm i$ が C の上または C の内部にないとする．□

結論． 定理 6.1 の仮定のもとでは，任意の 2 点 $z_0, z \in G$ および z_0 と z を結ぶ任意の曲線 C_1, C_2 について，次の式が成り立つ：

(7) $\quad \displaystyle\int_{C_1} f(z)\, dz = \int_{C_2} f(z)\, dz$．

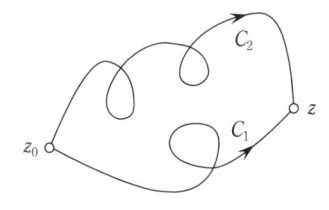

図 168　(7) は積分路によらない

§6. 積　　分　**69**

証明. $C = C_1 \cup C_2^*$ (図168, z_0 から C_1 に沿って z に達し，C_2^* に沿ってまた z_0 までもどる曲線) は閉じているから，定理 6.1 によって

$$0 = \oint_C f(z)\, dz = \int_{C_1} f(z)\, dz - \int_{C_2} f(z)\, dz. \qquad \square$$

例 4. 0 と 2 を結ぶ任意の円弧 (ただし短いほう) を C とし，0 と 2 を結ぶ線分を Γ とすると，計算をしないでも (7) によって

$$\int_C \frac{e^z}{z^2+1}\, dz = \int_\Gamma \frac{e^z}{z^2+1}\, dz = \int_0^2 \frac{e^x}{x^2+1}\, dx. \qquad \square$$

定理 6.2. $G \subseteq \mathbf{C}$ を単連結領域，$f: G \to \mathbf{C}$ を解析関数とする．また C を $z_0 \in G$ から $z \in G$ に至る G 内の曲線とする．このとき，道筋によらない積分

(8) $$F(z) := \int_{z_0}^z f(\zeta)\, d\zeta := \int_C f(\zeta)\, d\zeta$$

は f の原始関数である．すなわち $F'(z) = f(z)$ が成り立つ．

証明. 6.2 の演算則ⓑから

$$\frac{1}{h}\{F(z+h) - F(z)\} = \frac{1}{h}\int_z^{z+h} f(\zeta)\, d\zeta$$

が成り立つ (図169)．ただし右辺の積分は z と $z+h$ を結ぶ任意の曲線に沿うものであってよい．

さて線分 $\zeta(t) = z + th$, $0 \leqq t \leqq 1$ をとろう ($|h|$ が十分小さければこの線分は G の内部に完全に含まれる)．線積分の定義と第 8 章の定理 1.1 から

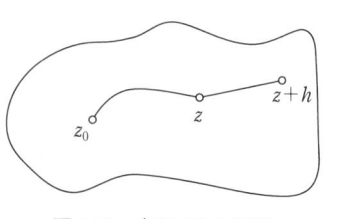

図 169　定理 6.2 の証明

$$\frac{1}{h}\int_z^{z+h} f(\zeta)\, d\zeta = \frac{1}{h}\int_0^1 f(z+th)h\, dt \longrightarrow f(z) \quad (h \to 0 \text{ のとき})$$

が導かれる．こうして $F'(z) = f(z)$ が示された．$\square$

注意. 領域に切れ目を入れてその領域を単連結にしてしまうことがある (図170)．その場合，定理 6.2 はそのように切り開いた領域に対してしか適用できない．$\square$

70 第10章 関数論

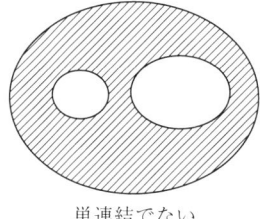

単連結でない　　　　　　　　単連結

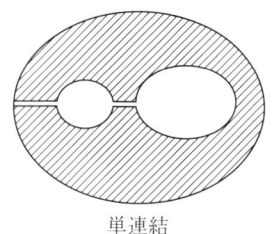

図 170　定理 6.2 の証明

例 5. $\operatorname{Log} z = \displaystyle\int_1^z \frac{1}{\zeta} d\zeta, \quad G = \boldsymbol{C} \setminus \{x \in \boldsymbol{R} \mid x \leqq 0\}$

(図171, §7, 問11) □

例 6. $\arctan z = \displaystyle\int_0^z \frac{d\zeta}{1+\zeta^2}, \quad G = \boldsymbol{C} \setminus \{iy \mid |y| \geqq 1\}$

(図172, §7, 問12) □

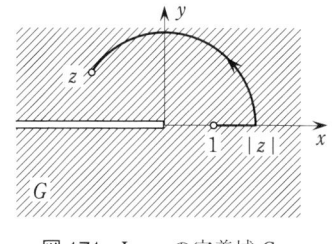

図 171　$\operatorname{Log} z$ の定義域 G 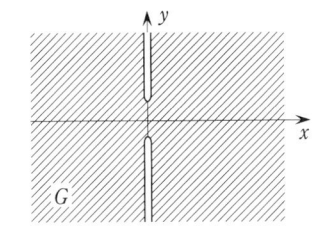　　　　図 172　$\arctan z$ の定義域 G

f の 2 つの原始関数は G 上で定数だけの差しかないから（→5.2, 系2），定理 6.2 の仮定のもとでは，f の任意の原始関数に対して

$$(9) \qquad \int_{z_0}^{z_1} f(z)\, dz = F(z_1) - F(z_0)$$

が成り立つ（→第 4 章，定理 1.3）．つまり f の原始関数が 1 つわかったとすると，積分の計算には，あと積分路とパラメータをどう選ぶかだけの問題しか残っていないことになる（→$\boldsymbol{R}^n$ におけるポテンシャルの場）．

原始関数にかかわる定積分の演算則（例えば部分積分）はすべて，実関数について述べた考え方（→第 4 章，§2）を単連結領域における解析関数にそのまま適用すれば得られる．

6.4 コーシーの積分公式

次に述べる**積分路の変形の原理**を適用すると，複雑な周回積分が非常にきれいに処理できる．

定理 6.3. 関数 f は単連結でない（つまり「穴のあいた」）領域 G で解析的であるとする．G 内に 2 つの閉曲線 C_1, C_2 をとる．C_1 と C_2 はどちらも f が定義されていない同一の集合のまわりを同じ向きに 1 周するものとする（図173）．このとき，

$$(10) \qquad \oint_{C_1} f(z)\, dz = \oint_{C_2} f(z)\, dz$$

が成り立つ．

証明． 図173の破線で示すように切れ目を 2 つ入れると，G の単連結な部分領域の中に 2 つの閉曲線 W_1, W_2 ができる．このそれぞれにコーシーの積分定理を適用すれば

$$\oint_{W_k} f(z)\, dz = 0, \quad k = 1, 2$$

である．閉曲線 W_1, W_2 はそれぞれ 4 つずつの曲線部分から成り立っている．したがって 6.2 の ⓑ, ⓒ を使えば

$$0 = \oint_{W_1} f(z)\, dz + \oint_{W_2} f(z)\, dz = \oint_{C_1} f(z)\, dz - \oint_{C_2} f(z)\, dz$$

と書くことができる．それは，破線でかいた補助の線分に沿う積分が打ち消し合って 0 となるからである．□

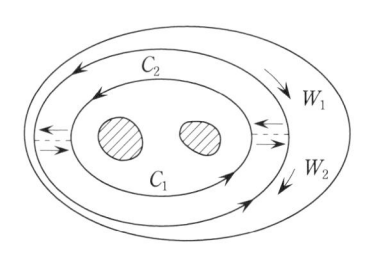

図 173 (10) の証明

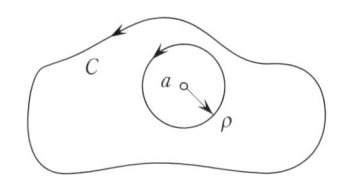

図 174 式 (11)

系. $G \subseteq \mathbf{C}$ は単連結，$f: G \to \mathbf{C}$ は解析的，$a \in G$，C は a の近傍 $K_\rho(a)$, $\rho > 0$ を内部に含む単純閉曲線とすると

(11) $$\oint_C \frac{f(z)}{(z-a)^n} dz = \oint_{|z-a|=\rho} \frac{f(z)}{(z-a)^n} dz$$

が成り立つ．特に

(12) $$\oint_C \frac{dz}{z-a} = \oint_{|z-a|=\rho} \frac{dz}{z-a} = 2\pi i$$

である．

証明. (10) を $G' = G \setminus \{a\}$, $g(z) := \dfrac{f(z)}{(z-a)^n}$ に対して適用する．□

定理 6.4. コーシーの積分公式——関数論の基本公式.

$G \subseteq \mathbf{C}$ を開領域，$f: G \to \mathbf{C}$ を解析関数，C を内部が G に完全に含まれている単純閉曲線とする．このとき，C の内部の任意の z に対して

(13) $$f(z) = \frac{1}{2\pi i} \oint_C \frac{f(\zeta)}{\zeta - z} d\zeta$$

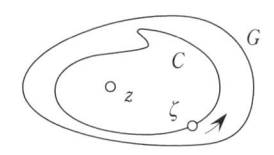

が成り立つ．

証明． C は単連結な領域内を通っているから

$$\oint_C \frac{f(\zeta)}{\zeta - z} d\zeta = \oint_{|\zeta - z| = \rho} \frac{f(\zeta)}{\zeta - z} d\zeta \qquad (\text{定理 6.3 の系による})$$

$$= \int_0^{2\pi} \frac{f(z + \rho e^{it})}{\rho e^{it}} i\rho e^{it} dt \quad ((2)\text{と定義による})$$

$$= i \int_0^{2\pi} f(z + \rho e^{it}) dt$$

$$= 2\pi i f(z) \qquad (\rho \to 0 \text{ の極限をとる}). \qquad \square$$

例．1. $\displaystyle\oint_{|z|=3} \frac{e^z}{z^2 + 2z} dz = \frac{1}{2} \oint_{|z|=3} \frac{e^z}{z} dz - \frac{1}{2} \oint_{|z|=3} \frac{e^z}{z+2} dz$

$$= \pi i e^0 - \pi i e^{-2} \quad ((13)\text{による})$$

$$= \pi i (1 - e^{-2}).$$

2. $\displaystyle\oint_C \frac{dz}{z^2 + 1} = \frac{1}{2i} \oint_C \frac{dz}{z - i} - \frac{1}{2i} \oint \frac{dz}{z + i}$

$$= 0 \quad \begin{pmatrix} i \text{ と } -i \text{ がともに } C \text{ の内部にあるか，または} \\ \text{ともに } C \text{ の外部にある場合} \end{pmatrix}$$

$$= \pi \quad \begin{pmatrix} i \text{ が } C \text{ の内部にあり，かつ } -i \text{ が} \\ C \text{ の外部にある場合} \end{pmatrix}$$

$$= -\pi \quad \begin{pmatrix} -i \text{ が } C \text{ の内部にあり，かつ} \\ i \text{ が } C \text{ の外部にある場合} \end{pmatrix}. \qquad \square$$

6.5 境界上の関数値だけで内部の関数値が決まること

コーシーの積分公式は，曲線 C が G の内点だけから成り立っている場合だけでなく，C が部分的または完全に G の境界 ∂G と一致している場合にも成り立つ．ただし ∂G のその部分が正則な曲線であって，その上でも f が連続であるとする．

定理 6.5. G は単連結の開領域，その境界 ∂G は区分的に正則であるとする．このとき，G で正則かつ $G \cup \partial G$ で連続な任意の関数 f に対して

$$(14) \qquad f(z) = \frac{1}{2\pi i} \oint_{\partial G} \frac{f(\zeta)}{\zeta - z} d\zeta, \quad z \in G$$

が成り立つ．

証明の方針． 公式(13)において曲線 C を G の内部から境界 ∂G に近づけていく．その際に周回積分の値は $f(z)$ のままで変わらない（例えば第8章，定理 1.1 を参照）． □

結局，f と G に対する定理 6.5 の仮定のもとで次のように述べることができる：

G における関数の値は，G の境界上での関数値を与えるだけで完全に決まってしまう．

練習問題

1. 次の積分路に沿って $\int_0^{1+i} \mathrm{Re}(z)\, dz$ を計算せよ：
   a) 両端を結ぶ線分．
   b) 円 $|z - i| = 1$ 上の四分円．

2. a) 積分 $\oint_{|z|=1} \dfrac{|z^2|}{\bar{z} \cdot z^2}\, dz$ を計算せよ．
   b) 楕円 $E = \{z = \cos\varphi + 3i\sin\varphi \mid 0 \leqq \varphi < 2\pi\}$ に沿って積分 $\oint_E \bar{z}\, dz$ を計算せよ．

3. 積分 $\int_{-1}^{1} \dfrac{dz}{\sqrt{z}}$ の値を，原点中心の単位円の上半周に沿って，また下半周に沿ってそれぞれ計算してみよ．

4. パラメータ表示による方法および原始関数による方法の両方を用いて計算せよ：
   a) $\int_1^{1+i} \cosh z\, dz$，積分路は両端点を結ぶ線分．
   b) $\int_1^{-1} \dfrac{\log z}{z}\, dz$，積分路は $\mathrm{Im}\, z \geqq 0$ の半円周．

5. できるだけ簡単な方法で計算せよ：
   a) $\oint_{|z|=1} e^{z^2}\, dz$.
   b) $\oint_{|z|=1} \dfrac{dz}{i - 2z}$.

c) $\oint_{|z|=1} \dfrac{dz}{\bar{z}}$.

6. 積分 $\oint_C \dfrac{dz}{1-z^2}$ を図の連珠形（レムニスケート）に沿って計算せよ．

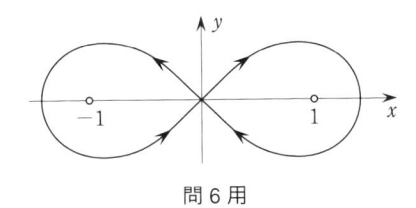

問 6 用

7. 被積分関数を部分分数に分解して積分 $\oint_{|z-2i|=1} \dfrac{dz}{z^2+iz+6}$ を計算せよ．

8. 部分分数分解とコーシーの積分公式を用いて次の積分を計算せよ：

a) $\dfrac{1}{2\pi i} \oint_{|z|=2} \dfrac{e^{t^2 z}}{z^2+1} dz, \quad t > 0$.

b) $\oint_{|z|=r} \dfrac{dz}{z^2-5z+6}$, すべての $r > 0 \ (r \neq 2, 3)$ に対して．

c) $\oint_C \dfrac{dz}{1+z^2}$, 4つの円 $|z|=\dfrac{1}{2}$, $|z|=2$, $|z-i|=1$, $|z+i|=1$ のそれぞれについて．

9. 閉曲線 C が点 $z \in \mathbb{C} \setminus C$ のまわりを何回巻いているかを示す巻き数は

$$n_C(z) := \dfrac{1}{2\pi i} \int_C \dfrac{d\zeta}{\zeta - z}$$

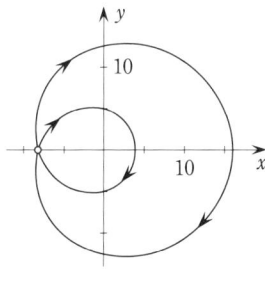

問 9 用

である.いま点 $z=0$ と交わることのない 2 つの閉曲線 $C_1, C_2: [a, b] \to \boldsymbol{C}$ があるとき,その積の曲線

$$C(t) := C_1(t) \cdot C_2(t), \quad a \leqq t \leqq b$$

に対しては

$$n_C(0) = n_{C_1}(0) + n_{C_2}(0)$$

が成り立つことを示せ.

次に,閉曲線

$$C(t) = \left(\frac{e^{it}+3}{e^{it}}\right)^2, \quad 0 \leqq t \leqq 2\pi$$

について,$z=0$ および $z=-10$ のまわりの巻き数をそれぞれ求めよ.

10. コーシーの積分公式と問 9 の結果を用いて,積分

$$\int_C \frac{e^{z^2}}{z^3 + 10z^2} dz, \quad \text{ただし } C(t) = \left(\frac{e^{it}+3}{e^{it}}\right)^2, 0 \leqq t \leqq 2\pi$$

の値を求めよ.

§7. コーシーの積分公式の応用

7.1 準備——幾何級数を用いた巧妙な計算

幾何級数の和の公式は,実級数の場合と(証明も含めて)全く同じ形に表わされる.すなわち

(1) $$\frac{1}{1-z} = \sum_{k=0}^{\infty} z^k, \quad |z| < 1.$$

このことから,コーシーの積分公式の中の因数 $\dfrac{1}{\zeta - z}$ を $a \neq \zeta, z$ について次の 2 通りの形に展開することができる:

(2a) $\quad |\zeta - a| > |z - a| \implies \dfrac{1}{\zeta - z} = \sum_{k=0}^{\infty} \dfrac{(z-a)^k}{(\zeta-a)^{k+1}},$

(2b) $\quad |\zeta - a| < |z - a| \implies \dfrac{1}{\zeta - z} = -\sum_{k=0}^{\infty} \dfrac{(\zeta-a)^k}{(z-a)^{k+1}}.$

証明. (2a)について:$\left|\dfrac{z-a}{\zeta-a}\right| < 1$ であるから,(1)を用いて

$$\frac{1}{\zeta-z} = \frac{1}{(\zeta-a)-(z-a)} = \frac{1}{\zeta-a}\frac{1}{1-\dfrac{z-a}{\zeta-a}} = \sum_{k=0}^{\infty}\frac{(z-a)^k}{(\zeta-a)^{k+1}}.$$

(2b)については，(2a)でζとzを交換すれば得られる．□

定理 7.1．コーシー型の積分． $r > 0$ とし，
$$h : \{z \mid |z-a| = r\} \to \boldsymbol{C}$$
は連続であるとする．このとき，
$$H(z) := \oint_{|\zeta-a|=r}\frac{h(\zeta)}{\zeta-z}d\zeta$$
に対して次の 2 通りの級数表示ができる：

a）内部領域 $|z-a| < r$ では
$$H(z) = \sum_{k=0}^{\infty}a_k(z-a)^k,$$
ただし $a_k = \oint_{|\zeta-a|=r}\dfrac{h(\zeta)}{(\zeta-a)^{k+1}}d\zeta$．
この級数は $|z-a| \leqq r_1 < r$ で一様収束する．

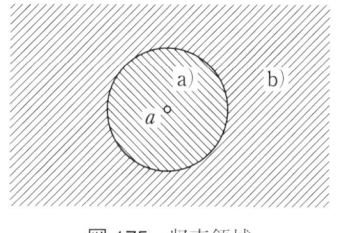

図 175　収束領域

b）外部領域 $|z-a| > r$ では
$$H(z) = \sum_{k=1}^{\infty}\frac{b_k}{(z-a)^k},$$
ただし $b_k = -\oint_{|\zeta-a|=r}h(\zeta)(\zeta-a)^{k-1}d\zeta$．
この級数は $|z-a| \geqq r_2 > r$ で一様収束する．

証明 a）：(2a)を代入し，$\sum$ と $\oint$ の順序交換（これは許される）を行なえば
$$\oint_{|\zeta-a|=r}\frac{h(\zeta)}{\zeta-z}d\zeta = \sum_{k=0}^{\infty}\left\{\oint_{|\zeta-a|=r}\frac{h(\zeta)}{(\zeta-a)^{k+1}}d\zeta\right\}(z-a)^k.$$
この級数は，幾何級数(2a)と同様 $|z-a| \leqq r_1 < r$ で一様収束する．

b）の証明も同様である．□

7.2 解析関数のテイラー級数

実解析では微分可能でありながら導関数が不連続であるような関数が存在した.しかし複素解析では

解析関数は何回でも複素微分可能であって,局所的には必ずテイラー級数で表わすことができる.

定理 7.1 を解析関数 $h = \dfrac{1}{2\pi i} f$ に適用すれば,コーシーの積分公式 (→ 定理 6.4) によって $H = f$ となり,特に次の定理が得られる.

定理 7.2. テイラー級数. 領域 G で解析的な関数 f は,G の内部に完全に含まれるどのような r-近傍 $K_r(a)$ においても

$$(3) \qquad f(z) = \sum_{k=0}^{\infty} \frac{f^{(k)}(a)}{k!} (z-a)^k$$

という形のべき級数表示(テイラー展開式)をもつ.特に f は $K_r(a)$ において何回でも微分可能であって,その導関数は次のように書ける:

$$(4) \qquad f^{(n)}(z) = \frac{n!}{2\pi i} \oint_{|\zeta-a|=\rho} \frac{f(\zeta)}{(\zeta-z)^{n+1}} d\zeta, \quad |z-a| < \rho < r.$$

証明. 定理 7.1 とコーシーの公式により f は a を中心とするべき級数表示をもつ.この表示は一意に定まる (→ 定理 5.1).(3) を定理 7.1a に従って求めた級数と比べると,導関数の表式 (4) が得られる. □

以下に例を示す.R は収束半径である.

例 1. $e^z = \sum_{k=0}^{\infty} \dfrac{1}{k!} z^k$ ((3) による;$R = \infty$). □

例 2. $\cos z = \dfrac{1}{2}(e^{iz} + e^{-iz})$,$\sin z = \dfrac{1}{2i}(e^{iz} - e^{-iz})$ から

$$\cos z = \sum_{k=0}^{\infty} \frac{(-1)^k}{(2k)!} z^{2k} \quad (R = \infty), \quad \sin z = \sum_{k=0}^{\infty} \frac{(-1)^k}{(2k+1)!} z^{2k+1} \quad (R = \infty).$$

□

例 3. $\mathrm{Log}\,(1+z) = \sum_{k=1}^{\infty} \dfrac{(-1)^{k-1}}{k} z^k \quad (R = 1)$. □

注意. 応用上は,(4) は導関数を計算するためよりはむしろ右辺の積分を

計算するために使われることのほうが多い(これについては§10を参照). □

例4. $\oint_{|\zeta|=1} \dfrac{\cos^2(t\zeta)}{\zeta^3} d\zeta = \dfrac{2\pi i}{2!} \dfrac{d^2}{dz^2} \cos^2(tz) \Big|_{z=0} = -2\pi i t^2.$ □

テイラー級数の収束半径についての注意. 解析関数 f の,点 a を中心とするテイラー級数の収束半径が R であるとしよう.このときには,f が解析的である最大の領域 G の境界点が収束円の周上に少なくとも1個は存在する.なぜなら,かりに f が閉円板 $|z-a| \leqq R$ を含む領域で解析的であったとすると,収束半径が R より大きいことになってしまうからである($\to$ 定理7.2).したがって R は a からその最も近くにある除去不能な特異点までの距離に等しい ($\to$ §10).

その他の点では,べき級数展開とその応用について実関数のところで述べたことは複素関数についても成り立つ ($\to$ 第5章,§4,§5).

例5. ベルヌーイ数 B_k ($\to$ 第5章,4.3). 関数

$$f(z) := \begin{cases} \dfrac{z}{e^z - 1} & (z \neq 0), \\ 1 & (z = 0) \end{cases}$$

は $|z| < 2\pi$ で解析的である.なぜなら,分母の零点で絶対値最小のものは $\pm 2\pi i$ だからである.こうして,f のテイラー級数の収束半径に関して第5章4.3①で出した問いの答が得られた.すなわち

$$f(z) = \sum_{k=0}^{\infty} \dfrac{B_k}{k!} z^k \text{ の収束半径は } R = 2\pi \text{ である.}$$

ベルヌーイ数 B_k は,第5章でやったように連立方程式

$$B_0 = 1, \quad B_0 + \binom{n}{1} B_1 + \binom{n}{2} B_2 + \cdots + \binom{n}{n-1} B_{n-1} = 0 \quad (n = 2, 3, \cdots)$$

から決まっていく.$f(z) - f(-z) = -z$ の関係がすべての z について成り立つから,$k \in \boldsymbol{N}$ に対して $B_{2k+1} = 0$ である ($\to$ §9, 問題11).

定理7.3. 一致の定理. 領域 G 上の解析関数 $f, g : G \to \boldsymbol{C}$ について,以下の3つのことは同等である.

 a) すべての $z \in G$ に対して $f(z) = g(z)$ である.

 b) G の中に少なくとも1個の集積点をもつようなある1つの部分集合

M（非常に「まばら」な集合であってもよい）のすべての z について $f(z) = g(z)$ である.

c) すべての $n \geqq 0$ に対して $f^{(n)}(a) = g^{(n)}(a)$ を満たす点 $a \in G$ が存在する.

証明. a) $\Longrightarrow$ b) は明らか.

b) $\Longrightarrow$ c)：a を M の集積点とする. 定理1.1により, これは $\lim_{n\to\infty} z_n = a$ であるような点列 $z_n \in M$, $n = 0, 1, 2, \cdots$ が存在するということである. f の連続性により, まず $f(a) = \lim_{n\to\infty} f(z_n) = \lim_{n\to\infty} g(z_n) = g(a)$. 導関数については, 同じ点列によって

$$f'(a) = \lim_{n\to\infty} \frac{f(z_n) - f(a)}{z_n - a} = \lim_{n\to\infty} \frac{g(z_n) - g(a)}{z_n - a} = g'(a).$$

$f''(a) = g''(a)$ などについても同様.

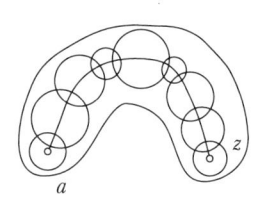

c) $\Longrightarrow$ a)：任意の $z \in G$ をとり, a と z を結ぶ G 内の1つの曲線 C を考える. a を中心とするテイラー展開から, 円 $K_r(a) \subseteq G$ の内部のすべての z に対して $f(z) = g(z), f^{(n)}(z) = g^{(n)}(z)$ であることがいえる. この円周と曲線 C との交点を a_1 とすると, 連続性によりすべての n について

図176 円の連鎖

$f^{(n)}(a_1) = g^{(n)}(a_1)$ である. この操作を a から z まで続けていけば, 有限個の円の連鎖で $f(z) = g(z)$ であることが示される（図176）. □

一致の定理は解析関数の値の間にきわめて強い結びつきがあることを示している. すなわち解析関数の値というのは定義域のどんなに遠くの部分でも, 1つのごく短い曲線上での値だけによって完全に決まってしまっているのである. 特に次のことが成り立つ：

系1. 実関数からの拡張の一意性.

与えられた実関数と区間 $a < x < b$ で一致する解析関数はたかだか1個しか存在しない.

系2. 零点の孤立性.

解析関数 $f : G \to \mathbb{C}, f \not\equiv 0$ が零点 a をもっているとすると, a のほかには

零点がないような ε-近傍 $K_\varepsilon(a), \varepsilon > 0$ が必ず存在する．

証明． もしそうでないとすれば，零点の集合 $\{a \in \boldsymbol{C} \mid f(a) = 0\}$ は集積点をもつことになる．そうすると，一致の定理によって $f = 0$ となって仮定に反する． □

f の零点 a が
$$f(a) = f'(a) = \cdots = f^{(m-1)}(a) = 0, \quad \text{しかし } f^{(m)}(a) \neq 0$$
を満たす場合には，この零点は**次数**が m であるという．テイラー展開を見るとわかるように，これは $f(z)$ が

(5) $\qquad f(z) = (z-a)^m f_1(z), \quad f_1 \text{ は } f_1(a) \neq 0 \text{ を満たす解析関数}$

の形をもっているということと同値である．

このことから，一致の定理の表現 c) を次のようにいい換えることができる：

系 3．零点の次数の有限性．
恒等的には 0 でない解析関数の零点の次数は有限である．□

7.3 代数学の基本定理

定理 7.4．リウヴィルの定理（J. Liouville, 1809–1884）．f が全複素平面で解析的かつ有界（すべての $z \in \boldsymbol{C}$ に対して $|f(z)| \leqq M$（定数））ならば $f(z) = $ 定数 である．

証明． $z \in \boldsymbol{C}$ とすればどのような円 $C = \{\zeta \mid |\zeta - z| = \rho\}$ の上でも (4) が成り立つから

$$|f'(z)| = \left|\frac{1}{2\pi i}\oint_C \frac{f(\zeta)}{(\zeta-z)^2}d\zeta\right| \leqq \frac{1}{2\pi}\int_0^{2\pi} \frac{|f(z+\rho e^{it})|}{\rho}dt \leqq \frac{M}{\rho}.$$

$\rho \to \infty$ の極限をとればすべての $z \in \boldsymbol{C}$ に対して $f'(z) = 0$，したがって $f(z) = $ 定数 である． □

定理 7.5．代数学の基本定理（→ 第 2 章, 2.7）．定数でない多項式
$$p(z) = a_n z^n + \cdots + a_1 z + a_0, \quad a_i \in \boldsymbol{C}, a_n \neq 0, n \geqq 1$$
は $\boldsymbol{C}$ 内に少なくとも 1 個は零点をもつ．すなわち $p(w) = 0$ を満たす $w \in \boldsymbol{C}$ が存在する．

証明． もしすべての $z \in \boldsymbol{C}$ に対して $p(z) \neq 0$ とすると，$f(z) := \dfrac{1}{p(z)}$ は $\boldsymbol{C}$ で解析的である．ところが $|z| \to \infty$ のとき

$$f(z) = \frac{1}{z^n}\left(a_n + \frac{a_{n-1}}{z} + \cdots + \frac{a_0}{z^n}\right)^{-1} \longrightarrow 0$$

であるから，f は有界でもある．それゆえ，定理 7.4 により $f(z) =$ 定数，したがって $p(z) =$ 定数 となる．これは仮定に反する．すなわち少なくともある $w \in \boldsymbol{C}$ に対して $p(w) = 0$ である．□

7.4 解析関数の平均値の性質

定理 6.5 を円 $K := \{z \in \boldsymbol{C} \mid |z - a| \leqq \rho\}$ に適用すると次のことがわかる．すなわち，もし f が K の周上で連続であり，K の内部で解析的であるとすると，K の中心 a における関数値は K の周上の値の積分平均に等しい：

$$(6) \qquad f(a) = \frac{1}{2\pi i} \oint_{|\zeta - a| = \rho} \frac{f(\zeta)}{\zeta - a} d\zeta = \frac{1}{2\pi} \int_0^{2\pi} f(a + \rho e^{it}) \, dt.$$

7.5 最大値原理

領域 G は単連結，$f : G \to \boldsymbol{C}$ は定数でない解析関数とする．このとき，絶対値関数 $|f(z)|$ は G の内部で最大値をとることがない．これを幾何学的に述べると

　　f の絶対値を表わす曲面，すなわち $\boldsymbol{R}^3$ における $x_3 = |f(x_1 + ix_2)|$ には頂上がない．

証明． f の極大点があったとしてそれを a とすると，$|z - a| < \varepsilon$ に対して $|f(z)| \leqq |f(a)|$ である．このことから，(6) によってすべての $\rho < \varepsilon$ に対して

$$|f(a)| \leqq \frac{1}{2\pi} \int_0^{2\pi} |f(a + \rho e^{it})| \, dt \leqq |f(a)|$$

がでる．この不等式は実は等式であるから

$$\int_0^{2\pi} (|f(a + \rho e^{it})| - |f(a)|) \, dt = 0, \quad 0 \leqq \rho < \varepsilon$$

が成り立っていることになる．仮定により被積分関数は正にならない．それゆ

え $|z-a| < \varepsilon$ に対して $|f(z)| = |f(a)|$ でなければならない．したがって f は $K_\rho(a)$ の上で定数である（→ 定理 5.2 の系 3）．このことから，f は G 全体にわたって定数であることになってしまう（→ 一致の定理 7.3）． □

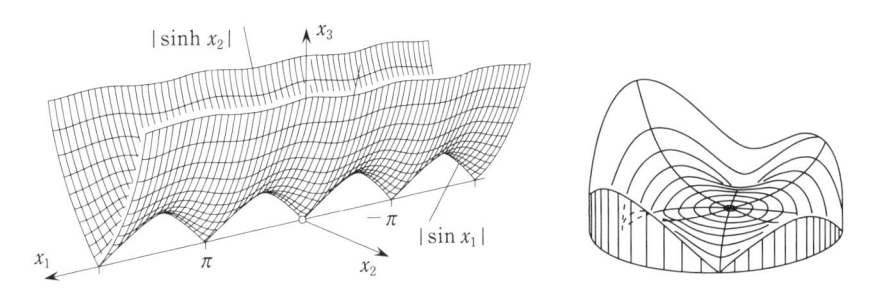

図 177　$\sin z$ および $\dfrac{z^4-1}{z-1-i}$ の絶対値曲面

解析関数 $f: G \to \mathbf{C}$ の性質．

$G:\mathbf{C}$ 内の単連結領域，
$C:G$ 内の区分的になめらかな単純閉曲線．

1) コーシーの積分定理．
$$\oint_C f(z)\,dz = 0.$$

2) $F(z) := \displaystyle\int_{z_0}^{z} f(\zeta)\,d\zeta$ は積分路によらない；$F'(z) = f(z)$．

3) コーシーの積分公式．
C の内側にあるすべての z について
$$f^{(n)}(z) = \frac{n!}{2\pi i} \oint_C \frac{f(\zeta)}{(\zeta-z)^{n+1}}\,d\zeta \quad (n = 0, 1, 2, \cdots).$$

4) $a \in G$ を中心とするテイラー展開．
G に完全に含まれる任意の開円板 $|z-a| < r$ において
$$f(z) = \sum_{n=0}^{\infty} \frac{f^{(n)}(a)}{n!} (z-a)^n.$$

5) **平均値の性質**.
$$f(z) = \frac{1}{2\pi} \int_0^{2\pi} f(z + \rho\, e^{it})\, dt,\ z \in G.$$

6) **最大値原理**.
$f = $ 定数 でなければ $|f|$ は G 内で最大値をとらない．

練 習 問 題

1. コーシーの積分公式(4)を使って $\oint_{|z-a|=1} \dfrac{z\, e^z}{(z-a)^3} dz$ を求めよ．

2. 積分の値を求めよ：

a) $\dfrac{1}{2\pi i} \oint_{|z|=3} \dfrac{e^z}{z^2(z^2+2z+2)} dz.$

b) $\oint_{|z|=2} \sum_{n=2}^{\infty} n z^{-n}\, dz.$

3. テイラー展開式を求めよ：

a) $f(z) = \dfrac{1}{z+2i}$ （$z=-i$ を中心に）．

b) $f(z) = \dfrac{1}{(2+3z)^2}$ （$z=0$ を中心に）．特異点の位置から収束域を求めよ．

c) $f(z) = \dfrac{1}{\cos z}$ （$z=0$ を中心に5項まで）．

4. 関数 $f(z) = \dfrac{1}{1+z+z^2}$ の $z=0$ を中心とするテイラー展開式を $\sum_{n=0}^{\infty} c_n z^n$ とする．以下の問いに答えよ：

a) 分母の零点の位置から収束半径を求めよ．

b) 公式 $c_n = \dfrac{1}{n!} f^{(n)}(0)$ を用いて c_0, c_1, c_2 を求めよ．

c) 恒等式 $\dfrac{1}{1+z+z^2} = \sum_{n=0}^{\infty} c_n z^n$ の分母を払い，係数の比較を行なって c_n に対する漸化式を導け．

d) c_n に対する複素積分表示を導き，それから c_0, c_1, c_2 を求めよ．

e) f を部分分数に分解し，各項を z のべき級数に展開して c_n に対する表式を導け．

5. $f(z) = \dfrac{1}{z^2 - 3z}$ を

  a) $z = 1$ を中心とするテイラー級数,

  b) $z = i$ を中心とするテイラー級数

に展開し，それぞれの収束域を述べよ．

6. $\log z$ あるいは $\sqrt{z}$ を表わすべき級数で，$z = 0$ の近傍で収束するものは存在するだろうか．

7. $2 \pm i, -2 \pm i$ を頂点とする長方形 C に沿って積分 $\oint_C \dfrac{\cos(\pi z)}{z^2 - 1} dz$ を計算せよ．

8. 実数の t について

  a) $\oint_{|z|=1} \dfrac{\sin(t^2 z)}{z^3} dz,$

  b) $\oint_{|z|=1} \dfrac{\sinh(t^2 z)}{z^3} dz$

を求めよ．

9. 級数の係数を計算せずに，以下の各関数の $z = 0$ を中心とするテイラー展開の収束半径を求めよ：

  a) $f(z) = \dfrac{1}{\cos z}$

  b) $f(z) = \tanh(2z)$.

  c) $f(z) = \log(z^2 - z - 2)$.

10. $f(z) = z \cot z$ の $z = 0$ を中心とするテイラー級数はどのような円の内部で収束するか．次の展開式が成り立つことを示せ．

$$z \cot z = \sum_{n=0}^{\infty} (-1)^n \frac{2^{2n} B_{2n}}{(2n)!} z^{2n}, \quad |z| < \pi.$$

11. $\text{Log } z$ の積分表示（図171）．

  a) $G = \boldsymbol{C} \setminus \{x \in \boldsymbol{R} \mid x \leqq 0\}$ において関数

$$L(z) = \int_0^1 \frac{(z-1)}{1 + t(z-1)} dt$$

が解析的であること，および実軸 $x > 0$ 上でこれが $\ln x$ と一致することを示せ．

b） $1 + t(z-1) = \zeta$ と置いて上の積分を書き直し，図171に示した曲線路 C（太線）に沿って積分し，コーシーの積分定理を用いて
$$L(z) = \int_C \frac{d\zeta}{\zeta} = \ln|z| + i\,\text{Arg}\,z$$
であることを示せ.

c） $L(z)$ の $z = 1$ を中心とするテイラー級数とその収束半径を求めよ.

12. $\text{Arctan}\,z$ の積分表示（図172）.

a） 関数
$$A(z) = \int_0^1 \frac{z}{1+z^2 t^2}\,dt$$
は虚軸上を $-i$ から ∞ を越えて i まで切れ目を入れた平面 $G = \boldsymbol{C}\setminus\{ix \mid x \in \boldsymbol{R},\ |x| \geqq 1\}$ において解析的であることを証明し，実軸上ではこれが $\arctan x$ と一致すること，したがって G において $A(z) = \text{Arctan}\,z$ であることを示せ.

b） $A(z)$ が G の外まで解析的に拡張することができないのはなぜか.

13. ルジャンドル関数（A. M. Legendre, 1752–1833）は $\boldsymbol{C}$ においては積分
$$f_n(z) = \frac{1}{2^n}\int_C \frac{(w^2-1)^n}{(w-z)^{n+1}}\,dw$$
で定義される．ただし曲線 $C : [a,b] \to \boldsymbol{C}$ は閉曲線であるかまたは $C(a) = -1$, $C(b) = 1$ を満たす曲線である．

a） 関数 $f_n(z)$ は，$z \notin C$ に対してルジャンドルの微分方程式 (→ 第9章, 7.4)
$$(z^2-1)y'' + 2zy' - n(n+1)y = 0$$
を満たす．このことを確かめよ．

(ヒント：微分方程式の左辺を $\int_C \frac{\partial}{\partial w}\left\{\frac{(w^2-1)^{n+1}}{(w-z)^{n+2}}\right\}dw$ と比べる．)

b） 円 $|w| = r$ を正方向に回る曲線を C にとれば，$|z| < r$ に対して第1種のルジャンドル関数が得られる．なぜなら，この場合には
$$f_n(z) = 2\pi i P_n(z) = \frac{2\pi i}{2^n n!}\frac{d^n}{dz^n}\{(z^2-1)^n\}$$
となるからである．このロドリーグ（B. O. Rodrigues, 1795–1850）の公式をコーシーの積分定理を使って証明せよ．

c） C を区間 $[-1,1]$ とし，$z \notin [-1,1]$ とすると，第2種のルジャンドル関数が得られる．なぜなら，この場合には

$$f_n(z) = -Q_n(z) = -\int_{-1}^{1} \frac{P_n(t)}{z-t} dt$$

となるからである（ノイマン（C. G. Neumann, 1832–1925）の公式）．部分積分によりこのことを確かめよ．また Q_0 と Q_1 を具体的に求めよ．

14. f は全平面 C で解析的であって，不等式 $|f(z)| \leq \alpha + \beta \ln |z|$ を満たす（α, β は実定数）．このとき $f(z) =$ 定数 となることを示せ（定理 7.4 の証明法を参照）．

15. $|f(z)|$ を最大にする z の値と最大値を求めよ：
a) $f(z) = 1 + z^2$, $|z| \leq 1$ において．
b) $f(z) = \sin z$, $|z| \leq r$ において．

§8. 調和関数とディリクレ問題

関数論という簡明な手法によって，2 次元のポテンシャル問題を取り扱う美しく見通しのよい方法が確立されている（→ 第12章）．

8.1 調和関数

実の開領域 $G \subseteq \mathbf{R}^2$ で定義された実の C^2 関数 $u : G \to \mathbf{R}$ の中で，ラプラス（P. S Laplace, 1749–1827）方程式（ポテンシャル方程式）

$$\Delta u = \frac{\partial^2 u}{\partial x^2} + \frac{\partial^2 u}{\partial y^2} = 0$$

を満たすものを**調和関数**または**ポテンシャル関数**という．

例1. 2 次元の C^1-流速場 $\boldsymbol{v} = [v_1, v_2, 0]^T$ が渦なし，すなわち

$$\operatorname{rot} \boldsymbol{v} = \left(\frac{\partial v_2}{\partial x} - \frac{\partial v_1}{\partial y} \right) \boldsymbol{e}_3 = \boldsymbol{0}$$

であるとすると，単連結領域においては $\dfrac{\partial U}{\partial x} = v_1$, $\dfrac{\partial U}{\partial y} = v_2$ を満たすポテンシャル $U(x, y)$ が存在する（第 8 章，2.5）．U がラプラス方程式を満たすならば，

$$\frac{\partial^2 U}{\partial x^2} + \frac{\partial^2 U}{\partial y^2} = \frac{\partial v_1}{\partial x} + \frac{\partial v_2}{\partial y} = 0$$

であるから流速場は $\mathrm{div}\,\boldsymbol{v} = 0$ を満たす，すなわちこれはわき口なしの場である．□

例 2. 2 次元の熱伝導方程式

$$\frac{\partial^2 u}{\partial t^2} = c\left(\frac{\partial^2 u}{\partial x^2} + \frac{\partial^2 u}{\partial y^2}\right)$$

が示すように，時間に依存しない（定常な）温度分布は調和関数によって表わされる．□

例 3. 解析関数 $f(z)$ の実部 $u(x,y) = \mathrm{Re}\,f(z)$ と虚部 $v(x,y) = \mathrm{Im}\,f(z)$ はどちらも調和関数である．実際，CR 方程式によって例えば

$$\frac{\partial^2 u}{\partial x^2} + \frac{\partial^2 u}{\partial y^2} = \frac{\partial}{\partial x}\left(\frac{\partial u}{\partial x}\right) + \frac{\partial}{\partial y}\left(\frac{\partial u}{\partial y}\right) = \frac{\partial}{\partial x}\left(\frac{\partial v}{\partial y}\right) + \frac{\partial}{\partial y}\left(-\frac{\partial v}{\partial x}\right)$$

$$= \frac{\partial^2 v}{\partial x \partial y} - \frac{\partial^2 v}{\partial y \partial x} = 0.$$
□

上の例 3 の逆として次の定理が成り立つ．

定理 8.1. 単連結領域 $G \subseteq \boldsymbol{R}^2$ の上の任意の調和関数 $u : G \to \boldsymbol{R}$ は，G 上のある解析関数 f の実部になっている．なお $f = u + iv$ と書いたときの虚部 v のことを u に**調和共役**であるといい，f を u に対応する**複素ポテンシャル**という．

証明． u は調和関数であるから方程式 $u_{xx} + u_{yy} = 0$ を満たす．そこで，ベクトル場 $[-u_y, u_x]^T$ を考えると，これは積分可能条件 $(-u_y)_y = (u_x)_x$ を満たしている．したがって，u をもとにして 1 つのポテンシャル

$$(1) \qquad v(x,y) = \int_{(x_0, y_0)}^{(x,y)} (-u_y\,dx + u_x\,dy)$$

をつくることができる（→ 第 8 章, 2.5）．この関数については $v_x = -u_y$, $v_y = u_x$ が成り立つ．v は調和関数であり，u と v は CR 方程式を満たしている．したがって $f = u + iv$ は解析関数である．□

注意． 1. G が単連結でない場合には，定理 8.1 は「局所的に」，すなわち G の単連結な部分領域においてのみ成り立つ．

§8. 調和関数とディリクレ問題　89

2. v_1, v_2 がともに u に調和共役であるならば，すなわち $f_1 = u + iv_1$, $f_2 = u + iv_2$ がともに解析関数であるならば，$v_1 = v_2 +$ 定数 の関係がある．なぜなら，$f_1 - f_2 = i(v_1 - v_2)$ も解析関数であるために CR 方程式すなわち
$$(v_1)_x = (v_2)_x, \ (v_1)_y = (v_2)_y$$
が成り立つからである．（G が単連結でない場合には，部分領域に応じて一般にいろいろな附加定数が現われる．）

3. v が u に調和共役ならば u は $-v$ に調和共役である（$f = u + iv \Longleftrightarrow if = -v + iu$）．□

8.2　調和関数から複素ポテンシャルを求める具体的な方法

単連結領域 G の上に調和関数 $u : G \to \mathbf{R}$ が与えられたとしよう．$u(x, y) =$ 定数 によって等ポテンシャル線が定まる．これに垂直に交わる流線群 $v(x, y) =$ 定数（→ 5.4）がわかれば，基礎になっている場がはじめて完全に記述できたことになる．u に対して複素ポテンシャル $f = u + iv$ を求めるにはいろいろな方法がある．

Ⓐ **方程式法**（→ 第 8 章, 2.6）．

手順1　u_x と u_y を計算する．

手順2　方程式 $v_y = u_x$ の両辺を y について積分する：
$$v = \int u_x \, dy + c(x).$$

手順3　上の式の両辺を x で偏微分すれば
$$v_x = \frac{\partial}{\partial x} \left(\int u_x \, dy \right) + c'(x)$$
となるから，これを $-u_y$ に等しいと置いて $c(x)$ を求める．

手順4　u と v をあわせて複素ポテンシャルをつくる：
$$f(z) = u(x, y) + iv(x, y).$$

例 1.　$u(x, y) = x(1 - y)$ は調和関数である（∵ $u_{xx} = 0, u_{yy} = 0$）．

手順1　$u_x = 1 - y, \ u_y = -x$.

手順2　方程式 $v_y = 1 - y$ を積分して $v = y - \dfrac{1}{2}y^2 + c(x)$.

手順 3　$v_x = c'(x) = -(-x) = x \implies c(x) = \dfrac{1}{2}x^2 + c$　（c：実定数）．

手順 4　$\begin{aligned} f(z) &= x(1-y) + i\left(y - \dfrac{1}{2}y^2 + \dfrac{1}{2}x^2 + c\right) \\ &= x + iy + \dfrac{1}{2}i(x^2 - y^2 + 2ixy) + ic \\ &= z + \dfrac{1}{2}iz^2 + ic, \quad c \in \boldsymbol{R}. \end{aligned}$　□

Ⓑ **実の線積分を用いる方法.**

複素ポテンシャルを具体的に求めるのに，定理 8.1 の証明の論法がそのまま使える．すなわち，式(1)により u の調和共役 v を計算する．その際，固定点 (x_0, y_0) から (x, y) に至る積分路は計算に最も便利なものを選べばよい（例えば 2 点を結ぶ線分や鉤形など → 第 8 章，2.6 Ⓐ）．

Ⓒ **原始関数を用いる方法.**

解析関数 $f = u + iv$ の存在は保証されている．その導関数は u だけから計算することができる（→ §5(4)）．すなわち $f'(z) = u_x - iu_y$．

f は f' の原始関数であるから，付加定数だけの不定性を残して一意に決まる：

$$(2) \qquad f(z) = \int_{z_0}^{z} (u_x - iu_y)\, d\zeta.$$

例 2.　$u(x, y) = x\,e^x \cos y - y\,e^x \sin y.$

手順 1　$f'(z) = u_x - iu_y = \cdots = e^z + z\,e^z.$

手順 2　原始関数は $f(z) = z\,e^z +$ 定数．　□

注意.　原始関数を(2)から求めることはほとんどなくて，むしろ実関数の場合のように導関数の公式を「逆向き」に読んで求めることが多い．□

Ⓓ **代入法**（→ 問題 2）．

8.3　調和関数の平均値の性質

定理 8.2.　u は円板
$$\{(x, y) \mid |(x, y) - (x_0, y_0)| \leq r\}, \quad r > 0$$
の上で連続，円板の内部で調和な関数であるとする．このとき次の平均値公式

が成り立つ：

> (3) $\quad u(x_0, y_0) = \dfrac{1}{2\pi} \displaystyle\int_0^{2\pi} u(x_0 + r\cos t, y_0 + r\sin t)\, dt.$

証明． 複素ポテンシャル $f = u + iv$ の平均値公式 ($\to$ §7(6)) の実部をとる．□

関数値 $u(x_0, y_0)$ は円板の周上の値の平均であるというだけでなく，全円板上の値の平均にもなっている．それは，式(3)の右辺の r を ρ と書きかえ，両辺に ρ を掛けて $0 \leqq \rho \leqq r$ の範囲にわたって積分してみればわかる ($\to$ 第8章, 4.5)：

$$\frac{1}{2} r^2 u(x_0, y_0) = \frac{1}{2\pi} \int_0^r \int_0^{2\pi} u(x_0 + \rho\cos t, y_0 + \rho\sin t)\rho\, dt\, d\rho$$

$$\Longrightarrow u(x_0, y_0) = \frac{1}{F} \iint_B u\, dF.$$

ただし B は中心 (x_0, y_0)，半径 r の円板を，F はその面積を表わす．

8.4 調和関数に対する最大値原理

定理 8.3． G を単連結で有界な領域，∂G をその境界とする．関数 $u: G \cup \partial G \to \boldsymbol{R}$ が連続かつ G で調和であるとすると，以下のことが成り立つ：

a) u は最大値と最小値を境界 ∂G の上でとる．

b) u が極大または極小となる点がもし G の内部にあるならば，u は実は定数である．

証明． b)：u に調和共役な関数 v を用いて解析関数 $f = u + iv$ をつくる．関数 $F(z) := e^{f(z)}$ も解析的であるから，もしこれが定数でないならば G の内部に $F(z)$ の絶対値が極値をとる点は現われない ($\to$ 7.5)．ところで $|F(z)| = e^u$ であるから，G の内部に u の極値も現われない．u の代わりに $-u$ について同じように考えれば，u の極小も現われないことになる．

a)：G が有界であるから，u は最大値と最小値を $G \cup \partial G$ の上でとる ($\to$

第 7 章，定理 2.1)．したがって，u が定数でない場合には，b) によって最大値と最小値は ∂G の上にだけ現われることになる．□

系 1. 定理 8.3 の仮定のもとでは次のことが成り立つ：
$$\partial G \text{ 上のすべての点で } a \leqq u(x,y) \leqq b$$
$$\implies G \cup \partial G \text{ 上のすべての点で } a \leqq u(x,y) \leqq b.$$

証明． 定理 8.3 a により u の最大値 M と最小値 m は ∂G 上に現われる．したがってすべての $(x,y) \in G \cup \partial G$ に対して $a \leqq m \leqq u(x,y) \leqq M \leqq b$ である．□

特に

ⓐ u の境界値が定数ならば u は $G \cup \partial G$ の全体で定数である（$a = b$ とすればよい）．

ⓑ u の境界値が「小さい」，すなわち $|u(x,y)| \leqq \varepsilon$ ならば，G における u の値も同様に小さい．

系 2.　一意性と安定性

u とは別に $G \cup \partial G$ で連続，かつ G で調和な関数 h を考えると，次のことが成り立つ．

$$\partial G \text{ で } h = u \implies G \cup \partial G \text{ で } h = u,$$
$$\partial G \text{ で } |h - u| \leqq \varepsilon \implies G \cup \partial G \text{ で } |h - u| \leqq \varepsilon.$$

証明． 特別の場合ⓐ，ⓑを関数 $h - u$ に適用すればよい．□

以上に述べた結果の意味については，次の 8.5 でくわしく考えることにしよう．

8.5　ディリクレ問題 (P. G. L. Dirichlet, 1805–1859)

解析関数を用いると，2 変数のラプラス方程式に対するディリクレ問題（第 1 種境界値問題，→第12章）をかなり一般的に解くことができる．次のような問題を考えよう．

区分的に正則な境界をもつ領域 G を考える．その境界 ∂G の上には，有界であって，有限個の点集合 N を除けば連続なスカラー関数値 $u_0(x,y)$ が与えられているとする．この仮定のもとで，次の条件を満足する関数 $u : G \cup \partial G \to \mathbf{R}$ を求めたい．

（ⅰ）u は G において $\Delta u = u_{xx} + u_{yy} = 0$ を満たす．

（ⅱ) u は $G \cup (\partial G \setminus \boldsymbol{N})$ で連続, かつ $G \cup \partial G$ で有界である.
（ⅲ) すべての $(x, y) \in \partial G \setminus \boldsymbol{N}$ で $u(x, y) = u_0(x, y)$.

正確な言い方ではないが, 要するに, 与えられた境界値をもつ調和関数を求めるという問題を考えるのである.

例1. 無限に広い 2 枚の平行平板の間の静電ポテンシャル $u(x, y)$ (図178) は x によらない: $u(x, y) = u(y)$. ラプラス方程式 $\Delta u = 0$ は $u_{yy} = 0$ となるから, その解は $u(y) = ay + b$ で, 係数 a, b は境界条件 $u(-1) = u_1$, $u(1) = u_2$ から決まる.

解は一意である. すなわち
$$u(x, y) = \frac{1}{2}(u_2 - u_1)y + \frac{1}{2}(u_2 + u_1). \qquad \square$$

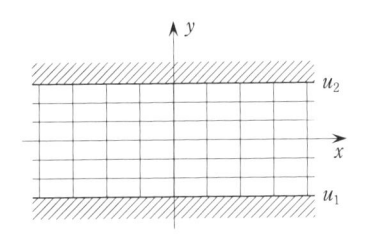

図 178　2 平板間のポテンシャル (例1)

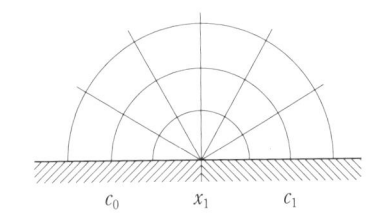

図 179　$(x_1, 0)$ にポテンシャルの跳びがある場合 (例2)

例2. 上半平面におけるディリクレ問題 (図179). 境界値は $u_0(x, 0) = c_0$ $(x < x_1)$, $u_0(x, 0) = c_1$ $(x > x_1)$ とする. (点 $(x_1, 0)$ にポテンシャルの跳びがある.) 解は

(4)
$$u(x, y) = c_1 + \frac{1}{\pi}(c_0 - c_1) \operatorname{Arg}(x - x_1 + iy), \quad x \neq x_1, \quad y \geqq 0,$$
$$u(x, y) = c_1 + \frac{1}{\pi}(c_0 - c_1) \operatorname{arccot} \frac{x - x_1}{y}, \quad y > 0$$

の形をもつ. なぜなら u は点 $a = (x_1, 0)$ のまわりの循環流の複素速度ポテンシャル (→5.4, 例3)
$$f(z) = c_1 - \frac{i}{\pi}(c_0 - c_1) \operatorname{Log}(z - x_1)$$

の実部として調和関数だからである．等ポテンシャル線
$$u(x,y) = \text{Arg}\,(x+iy-x_1) = 定数$$
はちょうど点 $(x_1, 0)$ から放射状にでる半直線であって，係数は境界条件を満たすように選んである：
$$u(x,0) = \begin{cases} c_1 + \dfrac{1}{\pi}(c_0-c_1)\pi = c_0, & x < x_1 \\ c_1 + \dfrac{1}{\pi}(c_0-c_1)0 = c_1, & x > x_1. \end{cases}$$
場を表わす曲線（流線）$\ln|z-x_1| = 定数$ は x_1 を中心とする半円周である．□

例3． u の境界値に跳びがある点を x_1 と $x_2 (x_1 < x_2)$ の2か所におき，例2の解を x_1 については $c_0 = -c,\ c_1 = 0$ とし，x_2 については $c_0 = c,\ c_1 = 0$ としたものを重ね合わせる．すなわち

$$u_1(x,y) = -\frac{c}{\pi}\text{Arg}\,(x+iy-x_1),$$

$$u_2(x,y) = \frac{c}{\pi}\text{Arg}\,(x+iy-x_2)$$

として重ねると，その結果は境界条件を

$$u(x,0) = \begin{cases} c, & x_1 < x < x_2 \\ 0, & x < x_1 \text{ および } x_2 < x \end{cases}$$

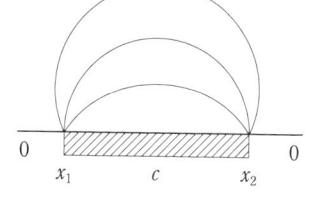

図180 例3用

とした上半平面におけるディリクレ問題の解

(5) $$u(x,y) = \frac{c}{\pi}\left(\text{arccot}\,\frac{x-x_2}{y} - \text{arccot}\,\frac{x-x_1}{y}\right)$$

が得られる．□

定理 8.4． 上半平面におけるディリクレ問題の解．ディリクレ問題
$$y > 0 \text{ で } \Delta u = 0,\quad u(x,0) = \varphi(x),\quad \varphi: \boldsymbol{R} \to \boldsymbol{R} \text{ は連続}$$
の一意の解はポアソン（S. D. Poisson, 1781–1840）の積分公式

(6) $$u(x,y) = \frac{y}{\pi}\int_{-\infty}^{\infty}\frac{\varphi(t)}{(x-t)^2+y^2}dt,\quad y > 0$$

で与えられる.

証明. 実数軸を $x_0 < x_1 < \cdots < x_n$ の点で部分区間に分割し,区間 $[x_i, x_{i+1}]$ の外では $u(x, 0) = 0$,この区間内では $u(x, 0) = \varphi(\xi_1)$(ξ_i は x_i に対応して平均値の定理から決まる値)であるような(5)の解を重ね合わせると

$$\sum_{i=0}^{n-1} \frac{\varphi(\xi_i)}{\pi} \left(\operatorname{arccot} \frac{x - x_{i+1}}{y} - \operatorname{arccot} \frac{x - x_i}{y} \right)$$

$$= \sum_{i=0}^{n-1} \frac{\varphi(\xi_i)}{\pi} \frac{y}{(x - \xi_i)^2 + y^2} \Delta x_i \quad (\text{平均値の定理を適用})$$

となる.ここで $n \to \infty$,$x_0 \to -\infty$,$x_n \to \infty$,各 $\Delta x_i \to 0$ の極限をとれば(6)が得られる.この解が一意であることは,上半平面から有界領域例えば単位円板への変換に関する一意性の定理(→定理 8.3, 系 2)から示される.□

注意. 1. 境界値 φ が x 軸上で有限個の跳びを除いて連続な場合には,区間ごとに分けて積分していくならばやはり(6)の表式が得られる.これを示すには前述の証明に自明な変更を加えるだけでよい.

2. 最大値原理の結果として得られた一意性定理(→定理 8.3 の系 2)は次の一意性定理に拡張される:

区分的に正則な境界をもつ有界領域において,有界で区分的に連続な境界条件が課されたディリクレ問題の解は一意である.

3. 8.4 で証明した安定性に関する定理は,境界値をわずかだけ変えたときには解もわずかしか変わらない,ということを述べているのである.□

8.6 任意の領域におけるディリクレ問題の解

逆写像の存在する解析的な写像を用いれば,ディリクレ問題

(7) $\qquad\qquad G$ で $\Delta \Phi = 0$, ∂G で $\Phi = \Phi_0$

を他の領域 B におけるディリクレ問題に「移しかえる」ことができる.この方法のうまいところは,すでに解法がわかっている「きれいな」領域を B として選ぶところにある.くわしく説明すると,

手順 1 モデル領域. きれいな形の境界をもち,解法がわかっている領域 B を選ぶ.

手順 2 共形の移しかえ. 逆写像が可能な解析的写像

$$w = f(z) = u(x,y) + iv(x,y), \quad f(G) = B, \quad f(\partial G) = \partial B,$$
$$\text{すべての } z \in G \text{ で } f'(z) \neq 0$$

を求める.これによってもとの問題の境界値は

$$\Psi_0(u,v) = \Psi_0(w) := \Phi_0(f^{-1}(w)), \quad w = u + iv \in \partial B$$

に移る.

手順3 モデル問題の解. B で $\Delta \Psi = 0$, ∂B で $\Psi = \Psi_0$ を満たす Ψ を求める.

手順4 もとにもどす.

$$\Phi(x,y) = \Phi(z) := \Psi(f(z)) = \Psi(u(x,y), v(x,y))$$

がディリクレ問題(7)の（一意の）解である.

理由. Ψ は調和関数であるから,ある解析関数

$$F(w) = \Psi(w) + i\Gamma(w), \quad w \in B,$$

の実部になっている.2つの解析関数 F, f を合成した関数

$$F(f(z)) = \Psi(f(z)) + i\Gamma(f(z))$$

も解析関数であるから,その実部 Ψ は G で調和な関数である.また境界 $z \in \partial G$ では

$$\Phi(z) = \Psi(f(z)) = \Phi_0(f^{-1}f(z)) = \Phi_0(z)$$

が成り立つ.一意性については 8.5 の注意2を参照されたい.□

例1. 単位円板上での定常な温度分布を求めよう.境界値は下半円周上で温度 0℃,上半円周上で100℃とする.

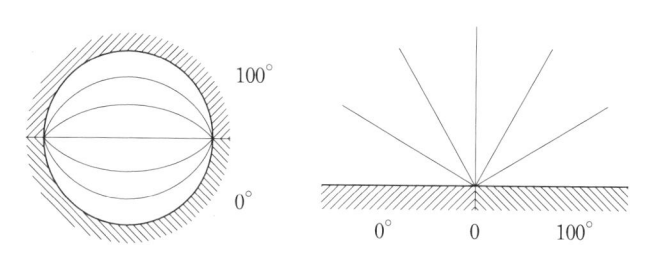

図 181 メービウス変換による共形の移しかえ

1. モデル領域：解のわかっている上半平面（→ 8.5, 例2）.
2. 共形の移しかえ：6点公式から決まるメービウス写像を用いる.

z	$-i$	1	i
w	-1	0	1

$\Longrightarrow w = f(z) = \dfrac{1}{i}\left(\dfrac{z-1}{z+1}\right).$

f は G を B に，下(上)半円周を負(正)の実軸に写像する．これによって境界値は図181に示すように移される．

3. モデル問題の解は次のようになる（→ 8.4，例2，$x_1 = 0$）：

$$\Psi(w) = 100 - \frac{100}{\pi}\operatorname{Arg} w.$$

4. もとの領域にもどすと，解は

$$\Phi(x, y) = 100 - \frac{100}{\pi}\operatorname{Arg} \frac{1}{i}\left(\frac{x+iy-1}{x+iy+1}\right). \qquad \square$$

例2. 第1象限を G として上と同様の問題を考えよう（図182）．すなわち正の x 軸上では0℃，正の y 軸上では100℃の温度を課している問題である．この場合にもモデル領域 B は上半平面とするのがよい．しかし写像関数としては $f(z) = z^2$ が必要である．（f は $z \neq 0$ では共形であるが，$z = 0$ では角が2倍になる．）モデル問題（図182）の解は

$$\Psi(w) = \frac{100}{\pi}\operatorname{Arg} w$$

である．したがってもとの問題の解は

$$\Phi(z) = \Psi(z^2) = \frac{100}{\pi}\operatorname{Arg} z^2 = \frac{200}{\pi}\operatorname{arccot} \frac{x}{y}$$

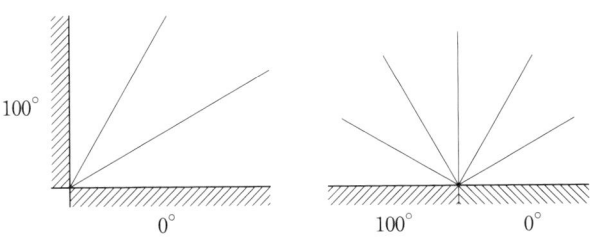

となる． $\square$

図182 $f(z) = z^2$ による共形の移しかえ

例3．共心でない平行2円柱の間の電場． 垂直断面を考えて

円柱1：$|z| = 1$，電位 0，

円柱2：$\left|z - \dfrac{1}{2}\right| = \dfrac{1}{4}$，電位 V

とする．

1． モデル領域としては共心2円柱間の領域をとるとよい．そこでは解がすでにわかっている（→ 5.4，例2）．

2． 共形の移しかえは関数
$$w = \frac{z - z_0}{\bar{z}_0 z - 1}$$

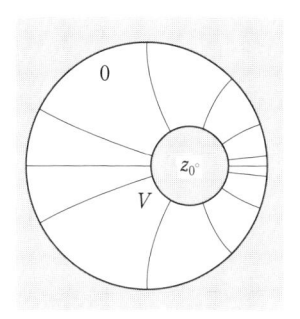

図183　2円柱間の場

によって行なう（→ 3.4，例2）．$z_0 := \dfrac{1}{16}(19 - \sqrt{105})$ で，これはもとの非共心の2円に共通の鏡像点である．モデル問題の共心円は

$$|w| = 1 \text{（電位 0）} \quad \text{と} \quad |w| = r := \frac{1}{8}(13 - \sqrt{105}) \text{（電位 } V\text{）}$$

である．

3． モデル問題の解は，$a = 0$ にわき出しのある流れ場の複素ポテンシャルの実部で与えられる（→ 5.4，例2）：

$$\Psi(w) = \frac{V}{\ln r} \ln |w|.$$

4． もとの領域にもどせば，2円柱間の領域の電位は

$$\Psi(x, y) = \frac{V}{2 \ln r} \ln \frac{(x - z_0)^2 + y^2}{(z_0 x - 1)^2 + z_0^2 y^2},$$

電場は $\boldsymbol{E} = -\operatorname{grad} \Phi$，等電位線 $\Phi = $ 定数 は円（図183），それに直交する電気力線も円である．□

定理 8.5．円板領域のポアソンの積分公式． ディリクレ問題
$$|z| < R \text{ で } \Delta\Phi(z) = 0, \quad |z| = R \text{ で } \Phi(z) = \Phi_0(z)$$
の一意解は，極座標を用いて次の**ポアソンの積分公式**で表わされる：

$$\text{(8)} \qquad \Phi(\rho e^{i\varphi}) = \frac{R^2 - \rho^2}{2\pi} \int_0^{2\pi} \frac{\Phi_0(R e^{it})}{R^2 - 2R\rho \cos(t - \varphi) + \rho^2} dt.$$

ただし $0 \leqq \rho < R, 0 \leqq \varphi \leqq 2\pi$ である.

証明. この問題をメービウス写像によって上半平面に移し,そこで定理 8.4 に従って解を求め,逆写像によってもとの領域にもどす. □

練 習 問 題

1. 次の各調和関数に対応する複素ポテンシャルを求めよ:
  a) $u(x, y) = -2xy + e^x \cos y.$
  b) $u(x, y) = x^2 - y^2 + 5x + y - \dfrac{y}{x^2 + y^2}.$
  c) $u(x, y) = \dfrac{x^3 + xy^2 + y}{x^2 + y^2}.$
  d) $u(x, y) = \ln(x^2 + y^2) + x - 2y.$

2. $G \in \mathbf{R}^2$ を領域とし,$(x_0, y_0) \in G$ とする.$u(x, y)$ が G で調和であるとすると,$z_0 = x_0 + iy_0$, $z = x + iy$ として

$$(*) \qquad f(z) := 2u\left(\frac{z - z_0}{2}, \frac{z - z_0}{2i}\right)$$

は u に対応する複素ポテンシャルである.以下の問いに答えよ:
  a) x を $\dfrac{z}{2}$ に,y を $\dfrac{z}{2i}$ に置き換えて ($z_0 = 0$),上のことを
$$u(x, y) = -2xy + e^x \cos y$$
  に対して証明せよ.
  b) 同じ置き換えを $u(x, y) = \ln(x^2 + y^2)$ に対して行なっても複素ポテンシャルは得られない.それはなぜか.
  c) 式 $(*)$ が成り立つことを CR 方程式を用いて証明せよ.

3. ラプラス方程式の基本解.
  a) 円周 $x^2 + y^2 = r^2$ の上で定数であるような 2 次元の調和関数を求めよ.そ

のために $u(x,y) = h(x^2+y^2)$ と置き，方程式 $\Delta u = 0$ から導かれる h に対する常微分方程式を解け．u に対応する複素ポテンシャルはどのような関数か．

b） 3次元のラプラス方程式 $\Delta u = u_{xx}+u_{yy}+u_{zz} = 0$ の解が $u(x,y,z) = h(x^2+y^2+z^2)$ と書ける場合には h はどのような関数か．

4． 正方形領域におけるラプラス方程式．

a） $u_1 = \sin x \sinh y$, $u_2 = \sinh x \sin y$ は2次元の調和関数であることを示せ．

b） 図の正方形における u_1 と u_2 の境界値を求めよ．

c） 重ね合わせによって境界値問題

$u_{xx} + u_{yy} = 0$, $0 < x < \pi$, $0 < y < \pi$,

Ⅰ，Ⅱ の上で $u = 0$,

Ⅲ の上で $u = -\sin y$,

Ⅳ の上で $u = \sin x$

を解け．

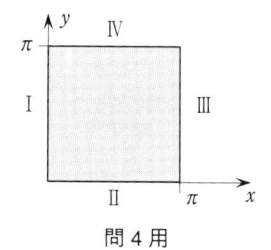

問4用

5． 円領域におけるラプラス方程式．

a） $u(r, \varphi) = r^n(a \cos n\varphi + b \sin n\varphi)$ はすべての $n \in \mathbf{N}$，および $a, b \in \mathbf{R}$ に対して，極座標 r, φ で表わした2次元の調和関数である．このことを確かめよ．
（ヒント：解析関数 $f(z) = z^n$ を考える．）

b） 上の結果を用いて境界値問題

$$u_{xx} + u_{yy} = 0, \quad x^2+y^2 < R^2, \quad u(R, \varphi) = \sin 5\varphi - 3\cos 8\varphi$$

を解け．

6． 図に示すような半無限長の帯状域 $H : x > 0, 0 < y < 1$ における定常温度分布 $T(x,y)$ を，ディリクレ問題

$$\Delta T = 0, \quad x > 0, \quad 0 < y < 1,$$
$$T = T_0, \quad x = 0, \quad 0 < y < 1,$$
$$T = 0, \quad x > 0, \quad y = 0 \text{ および } 1.$$

を解いて求めよ．そのために，図のように H を上半平面に共形に写像してから，積分公式(6)を適用せよ．

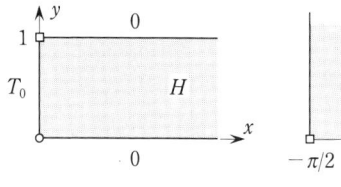

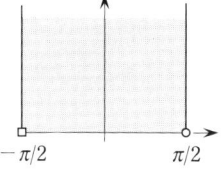

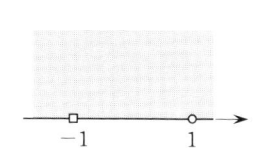

問6用

§8. 調和関数とディリクレ問題　101

7. 地面の上方にある導体.
境界値問題
$\Delta u = 0, \quad y > 0, \quad x^2 + (y-4)^2 > 1,$
$u = 0, \quad y = 0,$
$u = 1, \quad x^2 + (y-4)^2 = 1$
を, 共心の円環領域に写像して解け.

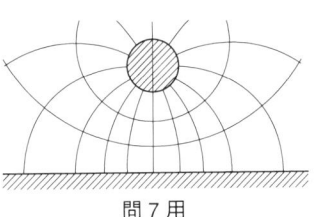

問7用

8. 楕円筒の中の導体板.
E を楕円 $\dfrac{x^2}{a^2} + \dfrac{y^2}{b^2} = 1$ $(a > b)$, S をその焦点 $(\pm\sqrt{a^2-b^2}, 0)$ を結ぶ線分とする. E の内側でラプラス方程式を満たし, E の上で定数値 u_1 を, S の上で定数値 u_2 をとる調和関数 $u(x, y)$ を求めよ.
(ヒント: ジューコフスキー写像を用いる.)

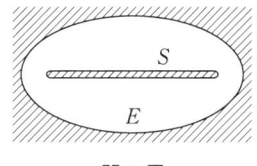

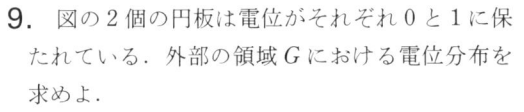

問8用

9. 図の2個の円板は電位がそれぞれ 0 と 1 に保たれている. 外部の領域 G における電位分布を求めよ.
(ヒント: 共形写像を2回重ねてを行なう. すなわち G ——(1次分数関数)→ 平行帯状領域 ——(指数関数)→ 上半平面.)

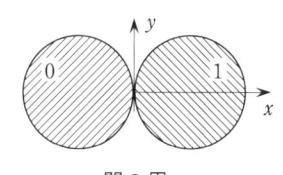

問9用

10. 接地した電極をもつ平板コンデンサー.
図に示す領域 G における電位分布 $u(x, y)$ を求めよ. ただし境界条件は
　①で $u = 1,$
　②で $u = 2,$
　③で $u = 0$

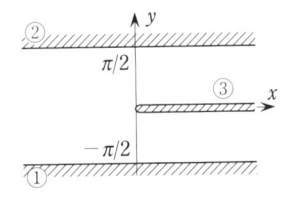

問10用

とする. まず写像関数 $e^z, \dfrac{i}{z}, \sqrt{1+z^2}$ を使って G を上半平面に移したのち, 積分公式(6)に境界値を代入する.

11. 車体のモデルとしての半円形物体のまわりの流れ.
a) 円 $|z| \leq 1$ の上半部を C とする. C の外部を $|w| = 1$ の外部に共形に写像し, $w(\infty) = \infty$, $\mathrm{Im}\, w(-1) = \mathrm{Im}\, w(1)$ となるようにするため, 次の図のような写像を重ねていく. 第2の写像を行なうときの切れ目をどのように入れれ

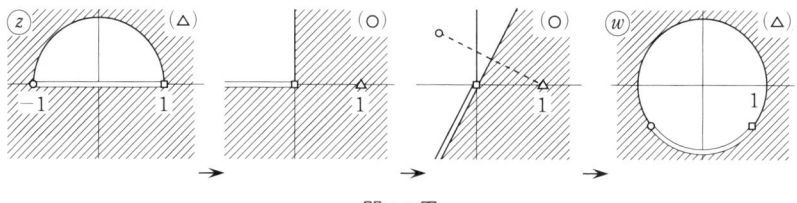

ばよいか.

b） C の境界上のどの 2 点がこの写像で最終的に $w = \pm 1$ に移されるか.（循環のない（つまり揚力が生じない）流れのよどみ点,車体にスポイラーを取り付ける点.）

c） C のまわりの循環をもつ流れは, w 面では複素ポテンシャル

$$f(w) = v\left(w + \frac{1}{w}\right) + ik\,\mathrm{Log}\,w, \quad v, k \in \mathbf{R}$$

をもつ（→ §5，問題 7）. $f(w)$ のよどみ点が C の境界上の点 ± 1 の像点に一致する（揚力の働くなめらかな流れになる）という条件から, k を v の関数として表わせ.

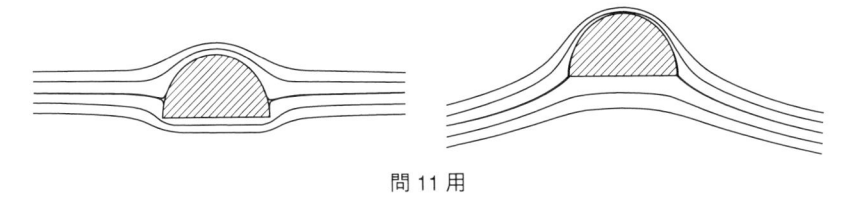

d） クッタの揚力公式（→ 6.1,例 4）を用いて,揚力が一様流速 v の 2 乗に比例して増大することを示せ.

12. ラプラス方程式を差分法で解く.

境界値問題を解こうとする領域を,座標軸に平行な直線群によって 1 辺の長さ h の正方形の格子に分割し,格子点上での偏微分係数を次の差分商で置き換える：

$$u_{xx}(x, y) \cong \frac{u(x+h, y) - 2u(x, y) + u(x-h, y)}{h^2},$$

$$u_{yy}(x, y) \cong \frac{u(x, y+h) - 2u(x, y) + u(x, y-h)}{h^2}.$$

このようにすると,領域内部の各格子点 P（図参照）上での近似として,ラプラス方程式の代わりに線形の代数方程式が得られる：

$$(*) \qquad 4u(P) = u(W) + u(N) + u(E) + u(S).$$

領域の境界上の格子点 Q における値 $u(Q)$ は境界値として与えられている.次の問いに答えよ:

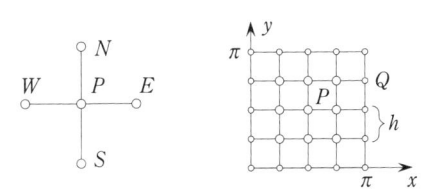

問 12 用

a) 幅 h の格子の各点で $(*)$ の関係が成り立つことを確かめよ.
b) 図のような領域と格子について,問題 4c の境界値を用いて 9×9 個の未知数 $u(P)$ に対する線形連立方程式を導け.
c) b) で得た連立方程式を解いて(対称性を利用するとよい),その結果を問題 4c の厳密解と比べてみよ.

§9. ローラン級数と特異点

9.1 ローラン展開 (P. A. Laurent, 1813–1854)

2つの同心円に挟まれた円環領域の内部で解析的な関数の振舞は,小さいほうの円の内側に特異点があると,それによって重大な影響を受ける.

例. 関数 $f(z) = \dfrac{1}{z-a}$ は $0 < \rho < |z-a| < R$ を満たすどのような円環内でも解析的であるが,点 a では解析的でない.点 $z = a$ を正方向に1回まわる道 C については

$$\int_C f(z)\, dz = 2\pi i$$

である. □

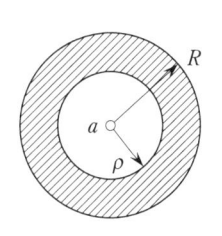

図 184 円環領域

一般に $f(z_0)$ または $f'(z_0)$ が定義できない点 $z_0 \in \boldsymbol{C}$ のことを関数 f の**特異点**という．

定理 9.1. ローラン級数. 円環
$$A = \{z \in \boldsymbol{C} \mid r < |z - a| < R\}$$
で解析的な関数 f については以下のことが成り立つ：

a） $f(z)$ はすべての点 $z \in A$ において次の**ローラン級数**の形に表わすことができる：

(1) $\quad f(z) = \sum_{n=-\infty}^{\infty} c_n(z-a)^n := \sum_{n=0}^{\infty} c_n(z-a)^n + \sum_{n=1}^{\infty} \frac{c_{-n}}{(z-a)^n}.$

b） (1)の右辺の2つの級数はそれぞれ，どのような円環
$$r < r_1 \leqq |z - a| \leqq R_1 < R$$
においても絶対かつ一様に収束する．

c） 係数 c_n は次のように一意的に決まる：

(2) $\quad c_n = \dfrac{1}{2\pi i} \oint_{|\zeta-a|=\rho} \dfrac{f(\zeta)}{(\zeta-a)^{n+1}} d\zeta \quad (n \in \boldsymbol{Z},\ r < \rho < R).$

証明． a） $z \in A$ とする．そして
$$r < r' < |z - a| < R' < R$$
を満たす半径 r', R' を選んで円環をかく（図185）．円環に2本の切れ目を適当に入れると，点 z を内部領域にもつ単一閉曲線 C_1 と，外部領域にもつ単一閉曲線 C_2 ができる．C_1 に対してはコーシーの積分公式を，C_2 に対してはコーシーの積分定理を適用すると，切れ目に沿う積分は打ち消し合って

$f(z) = f(z) + 0$

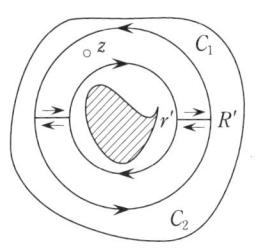

図185 定理9.1の証明

$$= \frac{1}{2\pi i}\oint_{C_1} \frac{f(\zeta)}{\zeta-z}d\zeta + \frac{1}{2\pi i}\oint_{C_2}\frac{f(\zeta)}{\zeta-z}d\zeta$$

$$= \frac{1}{2\pi i}\oint_{|\zeta-a|=R'}\frac{f(\zeta)}{\zeta-z}d\zeta - \frac{1}{2\pi i}\oint_{|\zeta-a|=r'}\frac{f(\zeta)}{\zeta-z}d\zeta$$

が得られる（→6.2, 演算則ⓐ, ⓑ）．次に定理7.1を適用すると

$$F(z) := \frac{1}{2\pi i} \oint_{|\zeta-a|=R'} \frac{f(\zeta)}{\zeta-z} d\zeta = \sum_{n=0}^{\infty} c_n (z-a)^n, \quad |z-a| < R' \quad (7.1.\text{a}),$$

$$G(z) := -\frac{1}{2\pi i} \oint_{|\zeta-a|=r'} \frac{f(\zeta)}{\zeta-z} d\zeta = \sum_{n=1}^{\infty} \frac{c_n}{(z-a)^n}, \quad |z-a| > r' \quad (7.1.\text{b}).$$

b) 定理 7.1 のくり返しである．

c) 係数を定める式(2)と係数の一意性は，(1)の両辺に $(z-a)^{-(m+1)}$ を掛けて円周 $|z-a| = \rho$，$r < \rho < R$ に沿って積分することによって示される（級数が一様収束であるから $\sum$ と $\oint$ の順序交換ができる）：

$$\oint_{|z-a|=\rho} \frac{f(z)}{(z-a)^{m+1}} dz = \sum_{n=-\infty}^{\infty} c_n \oint_{|z-a|=\rho} (z-a)^{n-m-1} dz = 2\pi i c_m$$

($\to$ 6.1，例 1，結果が ρ に依存しないことについては，6.4, (10))． □

注意．1． 関数 f が円の内部全体 $|z-a| < R$ でも解析的であるならば，$c_{-1} = c_{-2} = c_{-3} = \cdots = 0$ となる．この場合にはローラン級数は a を中心とするテイラー級数と一致する．

2． ローラン展開はテイラー展開よりも多くの可能性をもっている．例えば特異点をもつ関数でも，それが解析的であるような円環内であればいつでもローラン展開が可能である．もちろんローラン級数は異なる円環領域では一般に異なる形をしている．そのような級数表示ができるため，応用の幅が広くなる．テイラー級数のよく知られた応用と並んで，ローラン級数は特に特異点を内側に含むような閉曲線に沿う積分の計算に役立つ．また，ラプラス変換やフーリエ変換とともに工学理論における重要な手段となっている z-変換（$\to$ 9.8) に対しても必要になる．

3． 特に有理関数 $f(z) = p(z)/q(z)$（p, q は共通因数をもたない多項式）の特異点は分母の零点 $z_1, z_2, \cdots, z_k$ で与えられる．$a \in \mathbf{C}$ を中心とするローラン級数は場合によりいろいろな形をとる．

a) 円の内部 $|z-a| < r := \underset{j}{\mathrm{Min}} \{|z_j - a|\}$．ただし a は q の零点ではないとする．この場合には実はテイラー展開になる．

b) a を中心として分母の 2 個の零点に挟まれる円環領域．ただしそこには q の他の零点は存在しないとする（図186）．

c） a を中心として半径 $R := \underset{j}{\operatorname{Max}} \{|z_j - a|\}$ の円の外部 $R < |z - a|$.

d） q の零点がすべて a と一致している場合には，定理9.1で $r = 0, R = \infty$ と選ぶことができて，点 a だけを除いた平面 $\boldsymbol{C} \setminus \{a\}$ におけるローラン展開が得られる．

f の a を中心とする可能なローラン展開のすべての収束域を示した図のことを，点 a に対する関数 f の収束図とよんでおこう．□

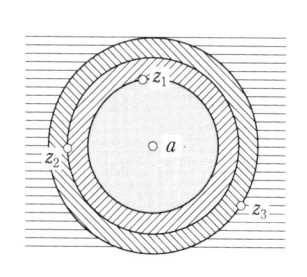

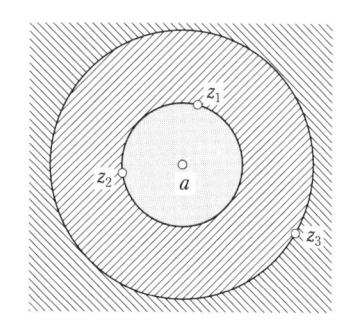

図 186　a に対する $\dfrac{p(z)}{q(z)}$ の収束図　$(q(z_j) = 0)$

9.2　ローラン展開の方法

Ⓐ **テイラー展開の方法**（→ 第5章，4.3）を借用する．
- 既知の級数を微分または積分する．
- 和の形の場合には各項を，積の形の場合には各因数を，それぞれ展開した上でまとめなおす（→ コーシー積）．
- 未定の係数を定めていく．
- ローラン級数をローラン級数に代入する．
- ごくたまに式(1), (2)を使う．

Ⓑ **単純な代入法．** f を点 0 の近傍で解析的な関数であるとすると，関数 $g(z) := f\left(\dfrac{1}{z - z_0}\right)$ は $z = z_0$ で特異性をもつ．テイラー級数 $f(z) = \sum_{k=0}^{\infty} a_k z^k$, $|z| < R$ に $z \to \dfrac{1}{z - z_0}$ の置き換えを行なえば，g のローラン展開式

$$g(z) = \sum_{k=0}^{\infty} \frac{a_k}{(z-z_0)^k}, \quad \frac{1}{R} < |z-z_0|$$

が得られる．

例 1. サイン関数，指数関数のテイラー級数から次のローラン級数が得られる：

$$\sin\frac{1}{z} = \sum_{k=0}^{\infty} \frac{(-1)^k}{(2k+1)!\, z^{2k+1}} = \frac{1}{z} - \frac{1}{3!\, z^3} + \frac{1}{5!\, z^5} - \cdots, \quad |z|>0,$$

$$e^{\frac{1}{z-1}} = \sum_{k=0}^{\infty} \frac{1}{k!(z-1)^k} = 1 + \frac{1}{z-1} + \frac{1}{2!(z-1)^2} + \frac{1}{3!(z-1)^3} + \cdots,$$
$$|z-1| > 0. \quad \square$$

Ⓒ **負数べきのローラン級数．** 関数

$$\frac{1}{(z-z_0)^m} \quad (m=1,2,3,\cdots)$$

のローラン級数は 7.1 の標準的な方法で計算する：

a) $a=z_0$ を中心とする展開．ローラン級数の一意性によって

$$\frac{1}{(z-z_0)^m}, \quad |z-z_0|>0$$

がすでに z_0 を中心とするローラン級数そのものになっている．

b) $a \neq z_0$ を中心とする $\dfrac{1}{z-z_0}$ の展開．この場合には円 $|z-a| = |z_0 - a|$ の内部と外部の展開がそれぞれ可能である．

7.1(2) により

(3a)　　内部：$\dfrac{1}{z-z_0} = -\sum_{k=0}^{\infty} \dfrac{(z-a)^k}{(z_0-a)^{k+1}}, \quad |z-a| < |z_0-a|$,

(3b)　　外部：$\dfrac{1}{z-z_0} = \sum_{k=0}^{\infty} \dfrac{(z_0-a)^k}{(z-a)^{k+1}}, \quad |z-a| > |z_0-a|$.

c) $a \neq z_0$ を中心とする $\dfrac{1}{(z-z_0)^m}$ $(m=2,3,\cdots)$ の展開は，

$$\frac{1}{(z-z_0)^m} = \frac{(-1)^{m-1}}{(m-1)!} \frac{d^{m-1}}{dz^{m-1}}\left(\frac{1}{z-z_0}\right)$$

の関係により(3a), (3b)から項別微分によって求められる（→ 定理9.1b および第5章，定理2.5（C においても同じことが成り立つ））．

例2. $f(z) = \dfrac{1}{(z-3)^3}$，展開の中心は $a = i$．

a) $|z - i| < |3 - i| \implies \dfrac{1}{z-3} = -\sum_{k=0}^{\infty} \dfrac{(z-i)^k}{(3-i)^{k+1}} \implies$

$\dfrac{1}{(z-3)^3} = -\dfrac{1}{2} \sum_{k=0}^{\infty} \dfrac{(k+2)(k+1)}{(3-i)^{k+3}} (z-i)^k, \quad |z-i| < \sqrt{10}.$

b) $|z - i| > |3 - i| \implies \dfrac{1}{z-3} = \sum_{k=0}^{\infty} \dfrac{(3-i)^k}{(z-i)^{k+1}} \implies$

$\dfrac{1}{(z-3)^3} = \dfrac{1}{2} \sum_{k=0}^{\infty} \dfrac{(k+2)(k+1)(3-i)^k}{(z-i)^{k+3}}, \quad |z-i| > \sqrt{10}. \quad \square$

注意． (3a)から z と z_0 の入れ換えによって(3b)を導いたように，ここでも同様の入れ換えでa)からb)が求められる．$\square$

Ⓓ **有理関数のローラン級数．**

$f(z) = \dfrac{p(z)}{q(z)}$（$p$ と q は共通因数をもたない）とし，分母 q の零点を $z_1, z_2, \cdots, z_k$ とする．

手順1 展開の中心点 a に対する f の収束図をつくる（→ 9.1，注意3）．

手順2 部分分数に分解する（→ 定理9.5，第4章，3.1）:

$$f(z) = \dfrac{a_{11}}{z - z_1} + \cdots + \dfrac{a_{1l}}{(z - z_1)^l} + \cdots + \dfrac{a_{km}}{(z - z_k)^m}.$$

手順3 収束円環

$$r < |z - a| < R \quad (r = 0, R = \infty\ \text{もあり得る})$$

を選び，各項をⒸに従って展開する．

手順4 各級数を加え合わせ，$(z - a)$ のべきで整理する．

例3. $f(z) = \dfrac{1}{z(z-1)} = -\dfrac{1}{z} + \dfrac{1}{z-1}$.

特異点は 0 と 1 である．

a) $a = 0$ を中心とする展開（2通りある）:

§9. ローラン級数と特異点 109

1) $f(z) = -\dfrac{1}{z} + \left(-\sum_{k=0}^{\infty} z^k\right)$

$= -\dfrac{1}{z} - 1 - z - z^2 - \cdots, \quad 0 < |z| < 1,$

2) $f(z) = -\dfrac{1}{z} + \sum_{k=0}^{\infty} \dfrac{1}{z^{k+1}}$

$= \dfrac{1}{z^2} + \dfrac{1}{z^3} + \dfrac{1}{z^4} + \cdots, \quad 1 < |z| < \infty.$

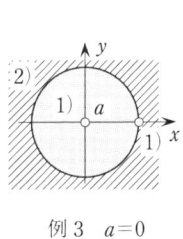

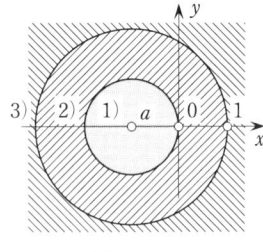

例3 $a=0$ 　　　　　　　　　　例3 $a=-1$

図 187

b) $a = -1$ を中心とする展開（3 通りある）：

1) $f(z) = \sum_{n=0}^{\infty} \left(1 - \dfrac{1}{2^{n+1}}\right)(z+1)^n, \quad |z+1| < 1,$

2) $f(z) = -\sum_{n=0}^{\infty} \dfrac{1}{(z+1)^{n+1}} - \sum_{n=0}^{\infty} \dfrac{(z+1)^n}{2^{n+1}}, \quad 1 < |z+1| < 2,$

3) $f(z) = \sum_{n=0}^{\infty} \dfrac{2^n - 1}{(z+1)^{n+1}}, \quad 2 < |z+1| < \infty.$ □

例 4. $f(z) = \dfrac{1}{(z-2)^2} e^{-\frac{1}{z}}, \quad 2 < |z| < \infty.$

$\dfrac{1}{z-2} = \sum_{n=0}^{\infty} \dfrac{2^n}{z^{n+1}} \Longrightarrow \dfrac{1}{(z-2)^2} = -\dfrac{d}{dz}\left(\dfrac{1}{z-2}\right) = \sum_{n=0}^{\infty} \dfrac{(n+1)2^n}{z^{n+2}}.$

$e^{-\frac{1}{z}} = \sum_{n=0}^{\infty} \dfrac{(-1)^n}{n! z^n}$ と掛け合わせて

$$f(z) = \left(\sum_{n=0}^{\infty} \frac{(n+1)2^n}{z^{n+2}} \right) \left(\sum_{n=0}^{\infty} \frac{(-1)^n}{n! z^n} \right)$$

$$= \sum_{n=0}^{\infty} \left(\sum_{k=0}^{n} (-1)^{n-k} \frac{(k+1)2^k}{(n-k)!} \right) \frac{1}{z^{n+2}}$$

$$= \frac{1}{z^2} + \frac{3}{z^3} + \frac{17}{2z^4} + \frac{131}{6z^5} + \frac{427}{8z^6} + \frac{15139}{120z^7} + \cdots, \quad 2 < |z| < \infty. \quad \square$$

9.3 孤立特異点

関数 f の特異点を z_0 とする.点 z_0 を除くある円近傍 $0 < |z - z_0| < r$ においては f が解析的であるとき,z_0 は f の **孤立特異点** であるという.このときには定理9.1によって f は z_0 を中心とするローラン展開をもつ:

$$(4) \quad f(z) = \cdots + \frac{c_{-2}}{(z-z_0)^2} + \frac{c_{-1}}{z-z_0} + c_0 + c_1(z-z_0) + c_2(z-z_0)^2 + \cdots$$

$$= \sum_{n=-\infty}^{\infty} c_n(z-z_0)^n, \quad 0 < |z-z_0| < r.$$

展開式(4)の中で

$$\sum_{n=1}^{\infty} \frac{c_{-n}}{(z-z_0)^n} \quad \text{を主要部},$$

$$\sum_{n=0}^{\infty} c_n(z-z_0)^n \quad \text{を解析的部分}$$

という.(4)の中の係数 c_n は,(2)によって $0 < \rho < r$ を満たす任意の ρ に対して ρ の値によらずただ1つに定まる.

定義. ローラン展開(4)の孤立特異点 z_0 は

a) 主要部が0,すなわちすべての $n \geq 1$ について $c_{-n} = 0$ である場合には **除去可能** であるという.

b) 主要部の係数に0でない c_{-m} ($m \geq 1$) が存在し,かつ $n > m$ を満たすすべての n について $c_{-n} = 0$ である場合には,**位数 m ($m \geq 1$) の極**(または m 位の極)であるという.

c) 主要部の係数で0でないものが無限に多く存在する場合には **真性特異点** であるという. $\square$

すなわち

> 孤立特異点 z_0 を中心とするローラン級数
> a) z_0 は除去可能：
> $$f(z) = c_0 + c_1(z - z_0) + c_2(z - z_0)^2 + \cdots.$$
> b) z_0 は位数 m の極（m 位の極）：
> (5) $$f(z) = \frac{c_{-m}}{(z-z_0)^m} + \cdots + \frac{c_{-1}}{z-z_0} + 解析関数 \quad (c_{-m} \neq 0)$$
> $$= \frac{1}{(z-z_0)^m} f_1(z), \quad f_1(z) は解析関数, f_1(z_0) \neq 0.$$
> c) z_0 は真性特異点：
> $$f(z) = \sum_{n=1}^{\infty} \frac{c_{-n}}{(z-z_0)^n} + 解析関数, 無限に多くの c_{-n} \neq 0.$$

$\sin z = z - \dfrac{z^3}{3!} + \dfrac{z^5}{5!} - \cdots$ であるから，次のことがわかる．

例 1. $\dfrac{\sin z}{z} = 1 - \dfrac{z^2}{3!} + \dfrac{z^4}{5!} - \cdots$；$z=0$ は除去可能． □

例 2. $\dfrac{\sin z}{z^7} = \dfrac{1}{z^6} - \dfrac{1}{3!z^4} + \dfrac{1}{5!z^2} - \dfrac{1}{7!} + \cdots$；$z=0$ は 6 位の極． □

例 3. $\sin \dfrac{1}{z} = \dfrac{1}{z} - \dfrac{1}{3!z^3} + \dfrac{1}{5!z^5} - \cdots$；$z=0$ は真性特異点． □

注意． 孤立していない特異点に対しては，これまでに述べたことおよび以下の議論は当てはまらない．□

例 4. $f(z) = \left(\sin \dfrac{1}{z}\right)^{-1}$ は $z_k = \dfrac{1}{k\pi}$（$k = \pm 1, \pm 2, \cdots$）にそれぞれ 1 位の極をもっている．どの z_k に対しても(5b)が当てはまる．しかし，ローラン展開が成り立つ z_k の近傍 $0 < |z - z_k| < r_k$ は k の絶対値が増大するとともに小さくなっていく．原点 0 は，特異点の集積点であるからやはり特異点ではあるが，孤立特異点ではない．すなわち特異点 0 を中心とする近傍で成

り立つようなローラン級数は存在しない．しかし特異点を１つも含んでいない円環内で成り立つローラン級数は，定理 9.1 に従って存在するのである．例えば $|z| > \dfrac{1}{\pi}$ の円環では次の式が成り立つ（→ 問題11）:

$$\frac{1}{\sin\dfrac{1}{z}} = z + \frac{1}{6z} + \frac{7}{360z^3} + \frac{31}{15120z^5} + \cdots, \quad |z| > \frac{1}{\pi}. \qquad \square$$

9.4 除去可能な特異点

(4a)の場合には，z_0 における関数値を $f(z_0) := c_0$ と定めることが適切であって，そのようにすればこの解析関数を円領域 $|z - z_0| < r$ 全体に拡張することができる．

例 1．$f(z) = \dfrac{\sin z}{z}$ は，$f(0) := 1$ と定めれば $\boldsymbol{C}$ 全体で解析的な関数に拡張される．$\square$

定理 9.2．除去可能な特異点の特徴．関数 f の孤立特異点 z_0 は以下のときに限って除去可能である．それは，z_0 の ε-近傍で f が有界であるとき，すなわち $0 < |z - z_0| < \varepsilon$ に対して $|f(z)| \leqq C$ が成り立つような $\varepsilon > 0$ と $C < \infty$ が存在するときである．

証明．まず f が z_0 へ解析的に拡張できるとしよう．このときには f は z_0 のある近傍で連続かつ有界である．すなわち

$$|z - z_0| \leqq \varepsilon \quad \text{で} \quad |f(z)| \leqq C \quad (\rightarrow \text{定理 2.1}).$$

逆に $f(z)$ が連続かつ有界であるとすると，6.2 の演算則ⓓを考慮すれば式(2)から次の評価が成り立つ:

$$|c_{-n}| = \frac{1}{2\pi} \left| \oint_{|\zeta - z_0| = \varepsilon} f(\zeta)(\zeta - z_0)^{n-1} d\zeta \right| \leqq C\varepsilon^n.$$

$\varepsilon \to 0$ とすれば，すべての $n \in \boldsymbol{N}$ に対して $c_{-n} = 0$．したがって z_0 は除去可能な特異点である．$\square$

結論．f の孤立特異点 z_0 は

(6) $$\lim_{z \to z_0} (z - z_0) f(z) = 0$$

のときに限って除去可能である．

例 2. $\lim_{z \to 0} z \dfrac{z}{e^z - 1} = \lim_{z \to 0} \dfrac{2z}{e^z} = 0$ （ロピタルの定理，→ 7.2，例 5）． □

9.5 極

極は必ず解析的な分母の零点として現われる．

定理 9.3. f の孤立特異点 z_0 が m 位の極であるのは，$g(z) := \dfrac{1}{f(z)}$ が $z = z_0$ において m 重の零点をもつ場合に限られる．

証明. §7 の (5) と 5.1 の演算則 c) からでる． □

結論. 有理関数 $f(z) = \dfrac{p(z)}{q(z)}$ （p と q は共通因数をもたない多項式）は q の m 重の零点で m 重の極（つまり m 位の極）をもつだけで，それ以外には特異点をもたない．

主要部. 有理関数 $f(z) = \dfrac{p(z)}{q(z)}$ について，q の m 重の零点 $z_1 : q(z) = (z - z_1)^m q_1(z)$，$q_1(z_1) \neq 0$ における主要部を求めるには次のようにする．

$f_1(z) := (z - z_1)^m f(z)$ は z_1 のある近傍で解析的であるから，定理 7.2 により，$|z - z_1| < \rho$ でテイラー級数に展開できる:

$$f_1(z) = a_0 + a_1(z - z_1) + \cdots + a_{m-1}(z - z_1)^{m-1} + \cdots, \quad a_k = \dfrac{f_1^{(k)}(z_1)}{k!}.$$

f の主要部は，これから直ちに次のように書ける．すなわち

$$H_1(z) = \dfrac{a_0}{(z - z_1)^m} + \dfrac{a_1}{(z - z_1)^{m-1}} + \cdots + \dfrac{a_{m-1}}{z - z_1}.$$

例 1. $f(z) = \dfrac{16z - 16}{(z^2 + 1)^4}$ は $z_1 = i$ と $z_2 = -i$ にそれぞれ 4 位の極をもつ．それゆえ $f_1(z) := (z - i)^4 f(z)$ の z_1 を中心とするテイラー級数の最初の 4 項の係数は

$$f_1(i) = i - 1, \quad f_1'(i) = -1 - 2i, \quad f_1''(i) = 5 - i, \quad f_1'''(i) = 15i$$

から得られる．したがって $f(z)$ の z_1 における主要部は

$$H_1(z) = \dfrac{i - 1}{(z - i)^4} - \dfrac{1 + 2i}{(z - i)^3} + \dfrac{5 - i}{2(z - i)^2} + \dfrac{5i}{2(z - i)}.$$ □

定理 9.4. 極の特徴. f の孤立特異点 z_0 が極であるのは，
(7)
$$\lim_{z \to z_0} |f(z)| = \infty$$
である場合に限られる．

証明. (5b)の解析関数 f_1 は z_0 の近くで有界であるから

$$\lim_{z \to z_0} |f(z)| = \lim_{z \to z_0} \frac{1}{|z - z_0|^m} |f_1(z)| = \infty$$

である．また逆に，もし $\lim_{z \to z_0} |f(z)| = \infty$ ならば定理 9.2 と定理 9.6 によって z_0 は除去可能な特異点でも真性特異点でもあり得ない． □

このことの重要な応用として，すでに第 4 章でしばしば用いた部分分数分解の理論的な基礎づけがある．すなわち

定理 9.5. 部分分数分解. 有理関数 $f(z) = \dfrac{p(z)}{q(z)}$ を考える．ここで $[p(z)$ の次数$] < [q(z)$ の次数$]$ とし，f の極（分母の零点）を $z_1, z_2, \cdots, z_N$ とする．また f の z_k $(1 \leqq k \leqq N)$ を中心とするローラン展開の主要部を $H_k(z)$ とすれば

$$f(z) = H_1(z) + H_2(z) + \cdots + H_N(z)$$

が成り立つ．

証明. 関数 $g(z) := f(z) - H_1(z) - \cdots - H_N(z)$ の特異点は，あるとしても孤立特異点 $z_1, \cdots, z_N$ だけである．しかし g のローラン展開を考えるとその中には主要部が全部落ちてしまっているから，z_k はすべて g の除去可能な特異点である．そこで $g(z_k) := \lim_{z \to z_k} g(z)$ と定めれば，g は $\mathbf{C}$ 全体で解析的な関数に拡張できる．ところで $[p$ の次数$] < [q$ の次数$]$ であるから $\lim_{z \to \infty} g(z) = 0$ が成り立つ．したがって g は $\mathbf{C}$ で有界，したがって定数に等しく，その値は 0 である（→ リウヴィルの定理 7.4）．これから

$$f(z) = H_1(z) + \cdots + H_N(z)$$

であることがわかる． □

例 2. $f(z) = \dfrac{4z + 4}{(z^2 + 1)^2 (z - 1)}$ の極は

$$z_1 = 1 \ (1\text{位}), \ z_2 = i \ (2\text{位}), \ z_3 = -i \ (2\text{位})$$

の 3 個である．対応する 3 つの主要部を加え合わせれば部分分数分解ができる．

$$f(z) = \frac{2}{z-1} + \left(\frac{i-1}{z-i} + \frac{i}{(z-i)^2}\right) - \left(\frac{i+1}{z+i} + \frac{i}{(z+i)^2}\right). \quad \square$$

9.6 真性特異点

ある関数のテイラー級数の係数で 0 でないものが無限に多数あるときには，z を $\dfrac{1}{z-z_0}$ に書きかえるだけで，$z = z_0$ に真性特異点をもつ関数をつくることができる．

例 1. $e^{\frac{1}{z}}, \ e^{\frac{1}{(z-1)^2}}, \ \sin\dfrac{1}{z^3}$. $\quad\square$

解析関数は真性特異点の近くで不思議な挙動を示す．これについてはワイエルシュトラス (K. Weierstrass, 1815–1897) とカソラティ (F. Casorati, 1835–1890) がはじめて次のように述べた．

定理 9.6（カソラティ–ワイエルシュトラス）．真性特異点 z_0 をもつ解析関数は，どんな複素数が与えられても，z_0 の任意の近傍でその複素数にいくらでも近い値をとることができる．すなわち，任意の $\varepsilon > 0, \eta > 0, w \in \boldsymbol{C}$ に対して $f(z) \in K_\eta(w)$ となるような $z \in K_\varepsilon(z_0)$ が存在する．

証明．かりに，ある $\varepsilon > 0, \eta > 0, w \in \boldsymbol{C}$ が存在して，しかもすべての $z \in K_\varepsilon(z_0)$ に対して $|f(z) - w| \geqq \eta$ が成り立っていたとしよう．その場合には関数 $g(z) := \dfrac{1}{f(z) - w}$ は $K_\varepsilon(z_0)$ で有界であるから，定理 9.2 によって $g(z)$ は $z = z_0$ にまで解析的に拡張できる．ところで $f(z) = w + \dfrac{1}{g(z)}$ と書けるから，z_0 は $f(z)$ のたかだか極であって（→ 定理 9.3），真性特異点ではないことになる．$\square$

例 2. 関数 $e^{\frac{1}{z}}$ は特異点 $z = 0$ の任意の近傍で，0 でないどのような値 w でもくり返しとる．実際，$e^{\frac{1}{z}} = w$ の解を z_k とすると

$$z_k = \frac{1}{\ln|w| + i\,\text{Arg}\,w + 2k\pi i}, \quad k \in \boldsymbol{Z}$$

となり，これは 0 に集積する．□

9.7* 渦なしの流れへの応用

複素速度ポテンシャル $g(z) = \overline{v_\infty} z$ （速度場 $q = v_\infty = v_0 e^{id}$）をもつ平行流（→ 5.4, 例 1）の中に区分的に正則な周 C をもつ障碍物を入れると，C を流線とし $z \to \infty$ で $q(z) \to v_\infty$ であるような速度 $q(z)$ をもつ流れの場ができる．

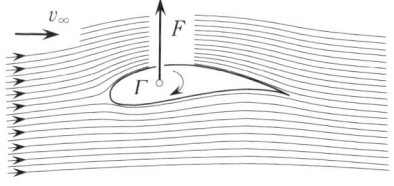

図 188 翼形物体

この流れの複素速度ポテンシャル $f(z)$ の導関数 $f'(z)$ は C の外部で解析的な関数であるから，0 を中心とする"円環" $|z| > R$（R は十分大きいとする）ではローラン級数で表わすことができる．

$z \to \infty$ で $q(z) \to v_\infty$ なのであるから，$f'(z)$ は

$$\overline{q(z)} = f'(z) = \overline{v_\infty} + \frac{c_{-1}}{z} + \frac{c_{-2}}{z^2} + \cdots$$

という形でなければならない．したがって

$$f(z) = 定数 + \overline{v_\infty} z + c_{-1} \operatorname{Log} z - \frac{c_{-2}}{z} - \cdots$$

である．この流れは，もとの平行流に循環流と多重わき出しの流れ（複素ポテンシャルは $\frac{c}{z^m}$, $m = 1, 2, \cdots$）（→ 5.4）を重ねたものである．

C は流線になっているから，2 つの重要な量——循環 Γ と揚力 F —— は C に沿う複素積分として計算できる（→ 6.1, 例 4）．これらの量は v_∞ と c_{-1} から一意に決まる．なぜなら，積分路の変形の原理（→ §6(10)）と §6 の式 (5) により，$\rho > R$ に対して（6.1 の例 4 も参照）

---

* 印の節は読みとばしてもよい．

$$\Gamma = \oint_C f'(z)\,dz = \oint_{|z|=\rho} f'(z)\,dz = 2\pi i c_{-1},$$

$$F = -i\frac{\rho}{2}\overline{\oint_C f'(z)^2\,dz} = -i\frac{\rho}{2}\overline{\oint_{|z|=\rho} f'(z)^2\,dz} = -i\rho v_\infty\overline{(2\pi i c_{-1})}$$

$$= -i\rho v_\infty \Gamma$$

となるからである．クッタの揚力公式（→ 6.1，例4）は一般の形 C の物体に対しても成り立つ．Γ は実数であるから c_{-1} は純虚数か 0 かである．

物体の形が角やとがった点をもっている場合には，流れの速度はその点で特異的なこともあり，そうでないこともある．特異的にならない場合は，一般に平行流の上に適当な循環流を重ねたとき（$\Gamma \neq 0$）に可能である．このときには，物体のまわりにできたなめらかな流れは揚力を発生させる．飛行機の翼の場合にはこれは望ましいことであるが（→ §5，問題 7），自動車の場合には都合の悪いことになる（→ §8，問題 11）．

9.8* z-変換

これは離散的な信号の時系列解析に応用されている方法である．z-**変換**というのは，実数または複素数 $x_k, k \in \mathbf{Z}$ の列を次のような規則で 1 つのローラン級数に対応づける変換のことをいう：

$$(x_k)_{k\in\mathbf{Z}} \;\overset{z}{\longleftrightarrow}\; X(z) := \sum_{k=-\infty}^{\infty} x_k z^{-k}.$$

この級数が収束するならば，収束領域は円環 $r < |z| < R$ である．これに対する**逆 z-変換**は，係数の公式(2)によって

$$x_k = \frac{1}{2\pi i}\oint_{|z|=\rho} X(z) z^{k-1}\,dz,\quad k \in \mathbf{Z}$$

と表わされる．ここで ρ は $r < \rho < R$ と選ぶ必要がある．この積分の値を求めるには，例えば留数定理（→ 10.1）を用いればよい．

例 1． 0 における単位の跳びの列については，

$$x_k = \begin{cases} 1, & k = 0, 1, \cdots \\ 0, & k < 0 \end{cases} \overset{z}{\longleftrightarrow} X(z) = \sum_{k=0}^{\infty}\frac{1}{z^k} = \frac{z}{z-1},\ |z| > 1. \quad \square$$

例 2． $k = 0$ ではじまる周期 $2N$ の階段状信号（$N > 1$）については（図

190a)
$$x_k = \begin{cases} 1, & k = 0, 1, \cdots, N-1 \\ 0, & k < 0 \text{ または } k = N, \cdots, 2N-1 \end{cases}, \quad x_{k+2N} = x_k,$$
$$\overset{z}{\longleftrightarrow} \quad X(z) = \left(1 + \frac{1}{z} + \cdots + \frac{1}{z^{N-1}}\right) \sum_{k=0}^{\infty} \frac{1}{(z^{2N})^k} = \frac{z^{N+1}}{(z-1)(z^N+1)}.$$

収束域はこの場合も $|z| > 1$ である． □

特に

- 離散フーリエ変換は $z = e^{i\omega t}$ ($\omega, t \in \mathbf{R}$) と置いて
$$(x_k)_{k \in \mathbf{Z}} \overset{z}{\longleftrightarrow} X(e^{-i\omega t}) = \sum_{k=-\infty}^{\infty} x_k e^{-ik\omega t}.$$

- 離散ラプラス変換は，$x_k = 0$ ($k < 0$) の場合に $z = e^{sT}$ ($s \in \mathbf{C}, T > 0$) と置いて
$$(x_k)_{k \in \mathbf{N}_0} \overset{z}{\longleftrightarrow} X(e^{sT}) = \sum_{k=0}^{\infty} x_k e^{-skT}.$$

この場合には，数列 $(x_k)_{k \in \mathbf{N}_0}$ は時間の連続的な関数 $x(t)$ を離散的な kT という時点で測定した値 $x_k = x(kT)$ を表わす．

上のように $k < 0$ で $x_k = 0$ という数列に限って考える場合には片側 z-変換というよび方をする．このときには，ラプラス変換（第 9 章，6.2）に類似した以下のような演算則が成り立つ．

片側 z-変換の演算則

ⓐ 線形性．
$$(ax_k)_{k \in \mathbf{N}_0} + (by_k)_{k \in \mathbf{N}_0} \overset{z}{\longleftrightarrow} aX(z) + bY(z).$$

ⓑ ずらし ($n \in \mathbf{N}$)．
$$(x_{k-n})_{k \in \mathbf{N}_0} \overset{z}{\longleftrightarrow} z^{-n} X(z),$$
$$(x_{k+n})_{k \in \mathbf{N}_0} \overset{z}{\longleftrightarrow} z^n \left(X(z) - x_0 - \frac{x_1}{z} - \cdots - \frac{x_{n-1}}{z^{n-1}}\right).$$

ⓒ 写像空間での微分．
$$(kx_k)_{k \in \mathbf{N}_0} \overset{z}{\longleftrightarrow} -zX'(z).$$

ⓓ **たたみこみ**.
$$\left(\sum_{k=0}^{n} x_k y_{n-k}\right)_{n\in N_0} \overset{z}{\longleftrightarrow} X(z)\cdot Y(z).$$

収束域は，ⓐとⓓでは $X(z)$ と $Y(z)$ の収束域の共通部分である．

z-変換は定係数の線形差分方程式を解くのに用いることができる（線形回帰分析）．それは定係数の線形微分方程式をラプラス変換で解くことにちょうど対応している．ⓓの関係があるために，ここでもまた時間の離散的な線形伝達系（→第9章，6.3）に対する伝達関数の概念がでてくる．

例3. ベッセル-フィルタ. 1サイクルに4個の遅延素子をもつフィルタを考える（図189）．

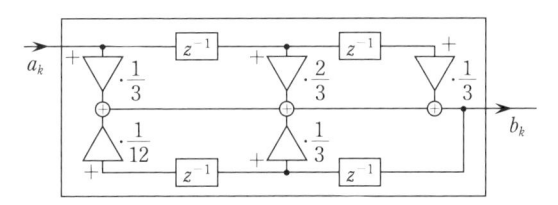

図 189 ベッセル-フィルタ

第 k サイクルにおいて入力 x_k と出力 y_k の間に次のような線形の漸化式が成り立っているとしよう：
$$12y_k - 4y_{k-1} - y_{k-2} = 4x_k + 8x_{k-1} + 4x_{k-2}.$$
これに z-変換をほどこせば，規則ⓑにより，
$$(12 - 4z^{-1} - z^{-2})Y(z) = (4 + 8z^{-1} + 4z^{-2})X(z),$$
すなわち
$$Y(z) = \frac{4z^2 + 8z + 4}{12z^2 - 4z - 1} X(z)$$
が得られる．右辺の因数の分数関数はこのフィルタの伝達関数を表わしている．これは $z = \dfrac{1}{2}$ と $z = -\dfrac{1}{6}$ にそれぞれ1位の極をもっている．

入力として例えば例2の四角い振動を与えたとすれば，出力は
$$Y(z) = \frac{z^{N+1}(4z^2 + 8z + 4)}{(z-1)(z^N + 1)(12z^2 - 4z - 1)}$$

となる.

これを逆変換した関数は，ラプラス変換のときと全く同様に部分分数分解を使って得られる．その際，分解されたどの分数に対しても幾何級数が現われる．ここでは信号 x_k と y_k の図を 1 つだけ示しておこう．□

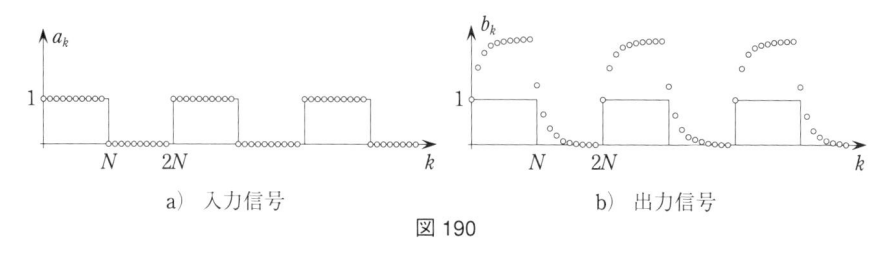

図 190
a) 入力信号 b) 出力信号

練 習 問 題

1. $f(z) = \dfrac{1}{(z+2i)^2}$ を $|z| > 2$ で収束するローラン級数に展開せよ．

2. ローラン級数を求めよ:

 a) $\dfrac{1}{z^2 - 3z + 2}$; 収束域：$1 < |z| < 2$，および $2 < |z|$ に対する各展開式．

 b) $\dfrac{\sin z}{z^3}$; 展開の中心：0；収束域はどこか．

 c) $(z+i)\cos\dfrac{1}{z-\pi}$; 展開の中心：$\pi$；収束域はどこか．

3. 関数 $f(z) = \dfrac{(i+1)z+1}{z^3 - 2iz^2 - z}$ について，$z = -i$ を中心とする可能なすべてのローラン展開を求め，それぞれの収束域を述べよ．

4. $z = 0$ を中心とするすべてのローラン展開とその収束域を求めよ:

 a) $\sinh\dfrac{1}{z}$．

 b) $\dfrac{1}{\sinh z}$（係数が 0 でない最初の 5 項）．

5. 以下の各関数について，C における特異点の位置を求め，その種類を述べよ:

 a) $\dfrac{z}{z+2}$, b) $\dfrac{z^2+i}{z^4+1}$, c) $\dfrac{e^z-1}{z^2(z-1)^3}$, d) $\cos\dfrac{1}{z}$,

e) $\dfrac{z^4+18z^2+9}{4z(z^2+9)}$, f) $\dfrac{1}{\sinh\dfrac{1}{z}}$, g) $\dfrac{1}{\sin^2 z}$, h) $\dfrac{\sinh z}{\sin z}$,

i) $\dfrac{e^{\frac{1}{z-1}}}{z}$, j) $\displaystyle\sum_{k=0}^{\infty}\dfrac{1}{k!(1+i^k z)}$.

6. f_1 は $z_0 \in C$ に k 重の零点をもち, f_2 は z_0 に n 位の極をもつ. 次の各関数について点 z_0 はどんな型の点であるかを述べよ：
$$f_1 + f_2, \qquad f_1 - f_2, \qquad f_1 \cdot f_2, \qquad f_2/f_1.$$

7. C 上に複素関数 $f(z) = \dfrac{\cot z}{z\left(z-\dfrac{\pi}{2}\right)}$ が与えられている.

a) t のどのような実数値に対して $\left|f\left(\dfrac{\pi}{4}+it\right)\right| = 1$ が成り立っているか.

b) $f(z)$ の特異点の位置を求め, その種類を述べよ.

c) $z=0$ を中心とする $f(z)$ のローラン展開で, $z=1$ で収束するものについて, その主要部と収束域を求めよ.

8. 関数 $w(z) = \dfrac{1}{\sqrt{z}-2}$ は, $\sqrt{z}$ として主値をとるならば $\operatorname{Re} z > 0$ および $z \neq 4$ で解析的である. 分母を有理化したのち $\dfrac{w(z)}{z}$ の点 $z=4$ を中心とするローラン級数のはじめの 3 項を求めよ. 特異点 $z=4$ の種類は何か. この展開式の収束域はどこか.

9. 周期 2π の関数
$$f(t) = \dfrac{1}{1-2r\cos t + r^2}, \quad 0 < r < 1$$

のフーリエ級数（→ 第 11 章, 1.3）は次のようにして求めることができる. すなわち, $\cos t$ の代わりに $\dfrac{1}{2}(z+z^{-1})$ と置き, その結果得られる関数

$$F(z) = \dfrac{1}{1-r(z+z^{-1})+r^2} = \dfrac{z}{(z-r)(1-rz)}$$

を $|z|=1$ で収束するローラン級数に展開し, そのあとで $z = e^{it}$ と置いてもとにもどす.

このことに関連して, フーリエ係数に対するオイラー–フーリエ積分がどのような意味をもっているかを考えよ.

10. 第1種ベッセル関数.

x を複素パラメータとして $f(z) = e^{\frac{x}{2}(z - \frac{1}{z})}$ と置く.

a) $f(z)$ の特異点の位置と種類を述べよ.

b) 式(1), (2)を用いて, $f(z)$ のローラン展開が

$$f(z) = J_0(x) + \sum_{n=1}^{\infty} J_n(x)(z^n + (-z)^{-n}), \quad |z| > 0,$$

ただし

$$J_n(x) = \frac{1}{\pi} \int_0^{\pi} \cos(x \sin t - nt)\, dt, \quad n \geqq 0$$

と書けることを示せ. これによって $f(z)$ は第1種ベッセル関数の母関数であることがわかる (→ 第8章, 1.1, 例2, 問題5 および第9章, 7.3).

c) $z = e^{it}$ を代入することによって, 位相変調と周波数変調の基礎となるフーリエ級数展開 (→ 第11章, 2.4, 例15)

$$e^{ix \sin t} = \sum_{k=-\infty}^{\infty} J_k(x)\, e^{ikt}$$

が成り立つことを証明せよ.

11. テイラー展開 (→ 7.2, 例5)

$$f(w) := \frac{w}{e^w - 1} = \sum_{k=0}^{\infty} \frac{B_k}{k!} w^k, \quad |w| < 2\pi$$

を考える. ただし B_k はベルヌーイ数で, その値は

$B_0 = 1, \quad B_1 = -\dfrac{1}{2}, \quad B_3 = B_5 = B_7 = \cdots = B_{2k+1} = \cdots = 0,$

$B_2 = \dfrac{1}{6}, \quad B_4 = -\dfrac{1}{30}, \quad B_6 = \dfrac{1}{42}, \quad B_8 = -\dfrac{1}{30}, \quad B_{10} = \dfrac{5}{66}, \quad B_{12} = -\dfrac{691}{2730}, \cdots.$

これに $w = 2iz$ を代入して, 次のローラン級数を導け:

a) $\cot z = i + \dfrac{1}{z} f(2iz)$

$= \dfrac{1}{z} - \dfrac{z}{3} - \dfrac{z^3}{45} - \dfrac{2z^5}{945} - \cdots - (-1)^{k-1} \dfrac{2^{2k}}{(2k)!} B_{2k} z^{2k-1} - \cdots, \quad |z| < \pi.$

b) $\dfrac{1}{\sin z} = \cot \dfrac{z}{2} - \cot z$

$= \dfrac{1}{z} + \sum_{k=1}^{\infty} (-1)^{k+1} \dfrac{2^{2k} - 2}{(2k)!} B_{2k} z^{2k-1}, \quad |z| < \pi.$

§10. 留数の理論

10.1 留数定理

関数 f は $G \setminus \{z_0\}$ で解析的であって，z_0 を中心とするローラン展開式が

(1) $$f(z) = \sum_{n=1}^{\infty} \frac{c_n}{(z-z_0)^n} + \sum_{n=0}^{\infty} c_n (z-z_0)^n, \quad 0 < |z-z_0| < r$$

であるとする．展開式の係数 c_n は 9.1 の式(2)に従って計算することができるが，それには G 内で z_0 を正の向きに1周する閉曲線 C をとればよい．すなわち

(2) $$c_n = \frac{1}{2\pi i} \oint_C \frac{f(z)}{(z-z_0)^{n+1}} dz, \quad n = 0, \pm 1, \pm 2, \cdots.$$

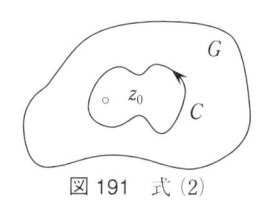

図 191 式 (2)

定義． ローラン級数(1)の中の $\dfrac{1}{z-z_0}$ の係数 c_{-1} のことを

z_0 における f の **留数**

(3) $$\operatorname{Res}(f, z_0) := c_{-1} = \frac{1}{2\pi i} \oint_C f(z)\, dz$$

という．□

留数を使って書けば

(4) $$\oint_C f(z)\, dz = 2\pi i \operatorname{Res}(f, z_0)$$

である．この式は留数の計算に使うことはまれで，むしろ $c_{-1} = \operatorname{Res}(f, z_0)$ が別の方法でわかっているときに（→ 10.2）積分計算に役立てることが多い．(4)は直ちに一般化することができる．

定理 10.1. 留数定理. f は孤立特異点を除けば領域 G で解析的であるとする．C は G 内にあって正の向きをもつ単純閉曲線であって，有限個の特異点 $a_1, a_2, \cdots, a_N$ を囲んではいるが，特異点を通ってはいないものとする．このとき次の式が成り立つ：

$$(5) \qquad \oint_C f(z)\, dz = 2\pi i \sum_{k=1}^{N} \operatorname{Res}(f, a_k).$$

証明. $N = 2$ の場合について行なう．（一般の場合も，書くとわずらわしくなるが全く同様にできる.)

補助線 Γ（図192）を引いて，それぞれ特異点1個だけを回る2つの単純閉曲線 C_1, C_2 ができるようにする．そうすると 6.2 の演算則と式(3)とから

$$\oint_C f(z)\, dz = \oint_C f(z)\, dz + \int_\Gamma f(z)\, dz + \int_{\Gamma^*} f(z)\, dz$$

$$= \oint_{C_1} f(z)\, dz + \oint_{C_2} f(z)\, dz$$

$$= 2\pi i \operatorname{Res}(f, a_1) + 2\pi i \operatorname{Res}(f, a_2). \qquad \square$$

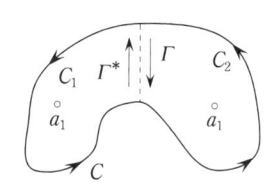

図 192 定理 10.1 の証明

10.2 留数を計算する方法

Ⓐ **ローラン級数から** $\operatorname{Res}(f, a) = c_{-1}$ **として読みとる.**

ローラン級数は，すでにわかっている級数やそれの適切な変形によって求める．

例 1. 級数展開式から留数を直接読みとる：

$$\frac{\sin z}{z} = 1 - \frac{z^2}{3!} + \frac{z^5}{5!} - \cdots. \implies \operatorname{Res}\left(\frac{\sin z}{z}, 0\right) = 0,$$

$$e^{\frac{1}{1-z}} = 1 - \frac{1}{z-1} + \frac{1}{2!(z-1)^2} - \cdots. \implies \operatorname{Res}(e^{\frac{1}{1-z}}, 1) = -1. \qquad \square$$

Ⓑ **1位の極 a の留数は次の式で求められる：**

> (6) $$\text{Res}\,(f, a) = \lim_{z \to a} (z - a) f(z).$$

証明. 1位の極ではローラン展開式は次の形をしている：
$$f(z) = \frac{c_{-1}}{z - a} + c_0 + c_1 (z - a) + \cdots.$$
したがって，$(z - a) f(z) = c_{-1} + c_0 (z - a) + c_1 (z - a)^2 + \cdots.$
これから(6)がでる. □

例 2. $f(z) = \dfrac{1}{z(z - 1)}$ は $z = 0$ と $z = 1$ に1位の極をもっている（→ 定理 9.3）．したがって，(6)により
$$\text{Res}\,(f, 0) = -1, \quad \text{Res}\,(f, 1) = 1. \qquad \square$$

特別の場合. $f(z) = \dfrac{g(z)}{h(z)}$ とする．g と h は解析関数で，分母の h は a に1位の零点をもつとする．すなわち $h(a) = 0,\ h'(a) \neq 0$ である．また分子の g は a で 0 にならないとする．このとき，(6)を変形すれば
$$\lim_{z \to a} (z - a) f(z) = \lim_{z \to a} \frac{g(z)}{\dfrac{h(z) - h(a)}{z - a}} = \frac{g(a)}{h'(a)},$$
したがって，

> (7) $h(a) = 0, h'(a) \neq 0, g(a) \neq 0 \implies \text{Res}\left(\dfrac{g(z)}{h(z)}, a\right) = \dfrac{g(a)}{h'(a)}.$

例 3. $f(z) = \dfrac{3z^2 + 1}{z^4 - 1}$ は $z = \pm 1,\ z = \pm i$ にそれぞれ1位の極をもっている．それゆえ
$$\text{Res}\,(f, 1) = 1, \quad \text{Res}\,(f, -1) = -1,$$
$$\text{Res}\,(f, i) = -\frac{1}{2} i, \quad \text{Res}\,(f, -i) = \frac{1}{2} i.$$

したがって，例えば 1 と i だけを囲む（しかも他の極は通らない）任意の単純閉曲線 C については

$$\oint_C \frac{3z^2+1}{z^4-1}dz = 2\pi i\left(1-\frac{1}{2}i\right)$$

が成り立つ． □

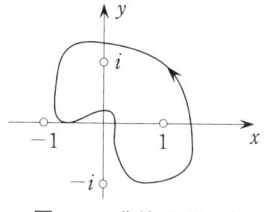

図193 曲線 C（例3）

例4. $f(z) = \dfrac{e^{iz}+1}{\cos z}$ の特異点は 1 位の極 $z_k = (2k+1)\dfrac{\pi}{2}$，$k \in \mathbf{Z}$（分母の零点）だけである．$\sin(2k+1)\dfrac{\pi}{2} = (-1)^k$，$e^{i(2k+1)\frac{\pi}{2}} = (-1)^k i$ から，(7)により

$$\mathrm{Res}\left(f, (2k+1)\frac{\pi}{2}\right) = \frac{(-1)^k i + 1}{-(-1)^k} = (-1)^{k+1} - i. \qquad \square$$

Ⓒ m 位の極の留数は次の式から計算できる：

$$(8) \qquad \mathrm{Res}(f, a) = \frac{1}{(m-1)!}\lim_{z \to a}\frac{d^{m-1}}{dz^{m-1}}[(z-a)^m f(z)].$$

証明. $0 < |z-a| < r$ で成り立つローラン級数

$$f(z) = \frac{c_{-m}}{(z-a)^m} + \cdots + \frac{c_{-1}}{z-a} + c_0 + c_1(z-a) + \cdots$$

から，

$$(z-a)^m f(z) = c_{-m} + \cdots + c_{-1}(z-a)^{m-1} + c_0(z-a)^m + \cdots.$$

c_{-1} はこのテイラー級数の中では $(z-a)^{m-1}$ の係数となっている．それゆえ定理5.1によって c_{-1} は(8)から一意に求められる． □

注意. 1. 式(6)は(8)で $m=1$ とした特別の場合である．

2. 式(8)は位数が m より小さい極に対しても正しい．証明の中に $c_{-m} \neq 0$ ということを使っていないからである． □

例5. $f(z) = \dfrac{z^2}{(z-1)^3(z+1)}$ は $z=1$ に 3 位の極をもっている．したがって，

$$\operatorname{Res}(f, 1) = \frac{1}{2!}\left(\frac{z^2}{z+1}\right)''\bigg|_{z=1} = \frac{1}{8}. \qquad \square$$

10.3 留数定理の応用例

例1. $I = \oint_{|z|=1} \dfrac{e^z}{z^4}\,dz.$

この積分は定理 7.2 の導関数の表式(4)を使えば容易に計算できる．しかしここでは留数定理を使って求めてみよう．被積分関数は $z=0$ に位数 4 の極をもっている．指数関数のテイラー展開式をもとに級数

$$\frac{1}{z^4}e^z = \frac{1}{z^4} + \frac{1}{z^3} + \frac{1}{2!z^2} + \frac{1}{3!z} + \cdots$$

をつくれば，$\operatorname{Res}(f,0) = \dfrac{1}{3!}$ であることがすぐわかる．したがって留数定理により，

$$I = 2\pi i\,\frac{1}{3!} = \frac{\pi}{3}i$$

である．$\square$

例2. $I = \oint_{|z-1|=\sqrt{3}} \dfrac{z^3+1}{(z^2-1)^3(z^2+1)^2}\,dz.$

まず積分記号の中を簡約して

$$I = \oint_{|z-1|=\sqrt{3}} \frac{z^2-z+1}{(z-1)^3(z+1)^2(z^2+1)^2}\,dz$$

とする．被積分関数は円 $|z-1|=\sqrt{3}$ の内部には，$z=1$ に 3 位の極と $z=\pm i$ に 2 位の極しかもたない．

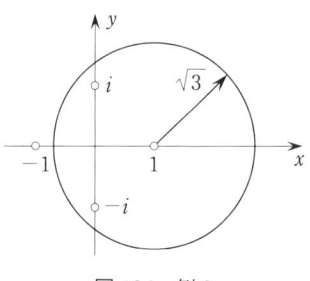

図 194　例2

式(8)を使って計算すれば

$$\operatorname{Res}(f,1) = \frac{11}{64}, \qquad \operatorname{Res}(f,i) = \frac{1+4i}{32}, \qquad \operatorname{Res}(f,-i) = \frac{1-4i}{32}$$

となるから，留数定理によって $I = \dfrac{15}{32}\pi i.$ $\square$

例 3. $I = \oint_{|z-2|=7} \left[z^2 e^{\frac{1}{z}} + \dfrac{\cos z}{z^3(z-\pi)^2} \right] dz.$

ここで $I = I_1 + I_2$, ただし
$$I_1 = \oint_{|z-2|=7} z^2 e^{\frac{1}{z}} \, dz, \qquad I_2 = \oint_{|z-2|=7} \frac{\cos z}{z^3(z-\pi)^2} dz$$
と置いて積分を 2 つに分けよう.

I_1 については,積分路の内側に真性特異点 0 があるだけであるから
$$z^2 e^{\frac{1}{z}} = z^2 + z + \frac{1}{2!} + \frac{1}{3!z} + \cdots \implies \text{Res}\,(z^2 e^{\frac{1}{z}}, 0) = \frac{1}{6}.$$

I_2 については,被積分関数の特異点は $z = 0$(3 位の極)と $z = \pi$(2 位の極)で,どちらも積分路の内側にあるから,
$$\text{Res}\left(\frac{\cos z}{z^3(z-\pi)^2}, 0\right) = \frac{1}{2!} \frac{d^2}{dz^2}\left[\frac{\cos z}{(z-\pi)^2}\right]_{z \to 0} = \frac{6-\pi^2}{2\pi^4},$$
$$\text{Res}\left(\frac{\cos z}{z^3(z-\pi)^2}, \pi\right) = \frac{d}{dz}\left[\frac{\cos z}{z^3}\right]_{z \to \pi} = \frac{3}{\pi^4}.$$

したがって
$$I_1 = \frac{\pi}{3}i, \qquad I_2 = \frac{12-\pi^2}{\pi^3}i. \qquad \square$$

10.4 留数定理を用いる実積分の計算

Ⓐ $\int_0^{2\pi} R(\cos\varphi, \sin\varphi)\, d\varphi$ の型の積分.

$R(x, y)$ が x, y の有理関数の場合には,§6 の定義式(2)によって,この積分は円
$$z(\varphi) = e^{i\varphi}, \qquad 0 \leqq \varphi \leqq 2\pi$$
に沿う曲線積分とみなすことができる. $e^{-i\varphi} = \dfrac{1}{z(\varphi)}$ であるから,
$$\cos\varphi = \frac{1}{2}\left(z + \frac{1}{z}\right), \quad \sin\varphi = \frac{1}{2i}\left(z - \frac{1}{z}\right), \quad dz = iz\, d\varphi$$
と置くことができて,もとの実積分は複素積分になる.すなわち

> (9)
> $$\int_0^{2\pi} R(\cos\varphi, \sin\varphi)\, d\varphi$$
> $$= \oint_{|z|=1} R\left(\frac{1}{2}\left(z+\frac{1}{z}\right), \frac{1}{2i}\left(z-\frac{1}{z}\right)\right)\frac{1}{iz}\, dz.$$

この積分は，もし関数 R が単位円周上に特異点をもっていなければ，留数定理を使って値を求めることができる．

例 1. $I = \displaystyle\int_0^{2\pi} \frac{dt}{1+\varepsilon\cos t}\quad (0 < \varepsilon < 1).$

(9) の変換によって

$$I = \frac{2}{i\varepsilon} \oint \frac{dz}{z^2 + \dfrac{2}{\varepsilon}z + 1}$$

と書ける．被積分関数の特異点は $z_{1,2} = -\dfrac{1}{\varepsilon} \pm \dfrac{1}{\varepsilon}\sqrt{1-\varepsilon^2}$ である．$0 < \varepsilon < 1$ であるから $z_1 = -\dfrac{1}{\varepsilon} + \dfrac{1}{\varepsilon}\sqrt{1-\varepsilon^2}$ だけが単位円の内側にある．z_1 は位数 1 の極である．

留数は

$$\mathrm{Res}\,(f, z_1) = \lim_{z\to z_1} \frac{z - z_1}{z^2 + \dfrac{2}{\varepsilon}z + 1} = \frac{\varepsilon}{2\sqrt{1-\varepsilon^2}}$$

であるから，留数定理により

$$I = \frac{2}{i\varepsilon}\, 2\pi i\,\mathrm{Res}\,(f, z_1) = \frac{2\pi}{\sqrt{1-\varepsilon^2}}. \qquad \square$$

もっと一般的に，同じ方法が次の型の積分の計算にも適用できる：

$$I = \int_0^{2\pi} R(\cos\varphi, \sin\varphi, \cos 2\varphi, \cdots, \sin n\varphi)\, d\varphi.$$

置換 $z = e^{i\varphi}, dz = iz d\varphi$ により，

$$\cos k\varphi = \frac{1}{2}\left(z^k + \frac{1}{z^k}\right),\quad \sin k\varphi = \frac{1}{2i}\left(z^k - \frac{1}{z^k}\right),\quad d\varphi = \frac{1}{iz}dz,$$

したがって，
$$I = \oint_{|z|=1} R\left(\frac{1}{2}\left(z + \frac{1}{z}\right), \cdots, \frac{1}{2i}\left(z^n - \frac{1}{z^n}\right)\right) \frac{1}{iz} dz.$$

例 2. $\displaystyle\int_0^{2\pi} \cos 2\varphi \, d\varphi = \oint_{|z|=1} \frac{z^4 + 1}{2z^2} \frac{1}{iz} dz$

$$= \oint_{|z|=1} \frac{z}{2i} dz + \oint_{|z|=1} \frac{dz}{2iz^3} = 0 \quad (\to §6, (5)). \quad \square$$

Ⓑ $\displaystyle\int_{-\infty}^{\infty} f(x) \, dx$ の型の積分．

$f(x)$ がある条件を満たしている場合には，図195 に示すような閉曲線 C_R に沿う周回積分

$$I_R = \oint_{C_R} f(z) \, dz$$

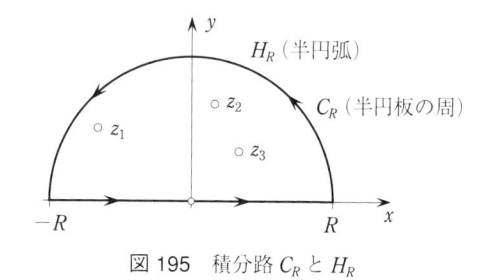

図 195 積分路 C_R と H_R

から計算することができる．その条件とは，上半平面における $f(z)$ の特異点がすべて C_R の内側に含まれ，半円弧 H_R に沿う積分が $R \to \infty$ とともに 0 になるという条件である．すなわち，次の定理が成り立つ．

定理 10.2. $f(z)$ が点 $z_1, \cdots, z_N$ (Im $z_k > 0$) を除いて上半平面と実軸とを含む領域で解析的であって，しかもそこで $\displaystyle\lim_{z \to \infty} zf(z) = 0$ であるならば，次の式が成り立つ：

(10) $$\int_{-\infty}^{\infty} f(x) \, dx = 2\pi i \sum_{k=1}^{N} \text{Res} \, (f, z_k).$$

ただし左辺の広義積分が存在するものとする．

証明． $R > 0$ を十分大きくとれば，上半平面内の特異点はすべて積分路 C_R（図195）の内側に入ってしまう．留数定理によれば

$$\oint_{C_R} f(z) \, dz = \int_{-R}^{R} f(x) \, dx + \int_0^{\pi} f(Re^{i\varphi}) iR e^{i\varphi} \, d\varphi = 2\pi i \sum_{k=1}^{N} \text{Res} \, (f, z_k)$$

であるから，$R \to \infty$ とすれば，中辺の第 2 項は 0 に収束する．$\square$

§10. 留数の理論　**131**

系. p, q を共通因数をもたない実多項式とすると，次のことが成り立つ：

(11) $\left.\begin{array}{l}[q \text{ の次数}] \geqq [p \text{ の次数}] + 2, \\ z_1, \cdots, z_N \text{ は Im } z > 0 \text{ を満たす } q \text{ の零点}, \\ x \in \boldsymbol{R} \text{ に対して } q(x) \neq 0\end{array}\right\} \Longrightarrow$

$$\int_{-\infty}^{\infty} \frac{p(x)}{q(x)} dx = 2\pi i \sum_{k=1}^{N} \text{Res}\left(\frac{p(z)}{q(z)}, z_k\right).$$

証明. 仮定および恒等式

$$\frac{a_n z^n + \cdots + a_0}{b_m z^m + \cdots + b_0} = \frac{1}{z^{m-n}} \left[\frac{a_n + \cdots + \dfrac{a_0}{z^n}}{b_m + \cdots + \dfrac{b_0}{z^m}}\right]$$

から，定理 10.2 の両方の条件が満たされていることがわかる． □

例 3. $\displaystyle\int_{-\infty}^{\infty} \frac{x^2}{1+x^4} dx = 2\pi i \left[\text{Res}\left(\frac{z^2}{1+z^4}, e^{i\frac{\pi}{4}}\right) + \text{Res}\left(\frac{z^2}{1+z^4}, e^{i\frac{3\pi}{4}}\right)\right]$

$$= \frac{\pi}{\sqrt{2}}. \qquad \square$$

注意. f の特異点の個数が上半平面よりも下半平面のほうが少ない場合には，積分 $\displaystyle\int_{-R}^{R} f(x) dx$ を下半平面の半円弧 $z(\varphi) = Re^{i\varphi}, -\pi \leqq \varphi \leqq \pi$ に沿う積分とあわせて周回積分をつくるほうが得である．ただその場合には，閉曲線を負の向きに回らなければならない．したがって式(10)の右辺には負号をつける必要がある． □

例 4. $\displaystyle\int_{-\infty}^{\infty} \frac{dx}{(x^2+1)(x-i)} = -2\pi i \, \text{Res}\left(\frac{1}{(z^2+1)(z-i)}, -i\right)$

$$= \frac{\pi}{2} i. \qquad \square$$

ⓒ フーリエ積分（第11章, §6）.

次の型の積分

$$\int_{-\infty}^{\infty} e^{i\omega x}F(x)\,dx = \int_{-\infty}^{\infty} F(x)\cos\omega x\,dx + i\int_{-\infty}^{\infty} F(x)\sin\omega x\,dx$$

$$(\omega \in \boldsymbol{R},\ \omega \neq 0)$$

は被積分関数に $e^{i\omega x}$ （$\omega \neq 0$）という因数があるために，Ⓑの場合よりも弱い条件のもとで積分の計算ができる．

定理 10.3. $F(z)$ が点 $z_1, \cdots, z_N$（$\mathrm{Im}\, z_k > 0$）を除いて上半平面と実軸とを含む領域で解析的であって，そこで $zF(z)$ が有界であるならば，$\omega > 0$ に対して

$$\int_{-\infty}^{\infty} e^{i\omega x}F(x)\,dx = 2\pi i \sum_{k=1}^{N} \mathrm{Res}\,(e^{i\omega z}F(z), z_k)$$

が成り立つ．ただし左辺の積分が存在するものとする．

証明. (10)の証明のときと同様に，C_R に沿って積分すれば

$$\begin{aligned} 2\pi i \sum_{k=1}^{N} \mathrm{Res}\,(e^{i\omega z}F(z), z_k) &= \oint_{C_R} e^{i\omega z}F(z)\,dz \\ &= \int_{-R}^{R} e^{i\omega x}F(x)\,dx \\ &\quad + \int_{0}^{\pi} e^{i\omega(R\cos\varphi + iR\sin\varphi)}F(Re^{i\varphi})iRe^{i\varphi}\,d\varphi. \end{aligned}$$

右辺第 2 項の積分を I_2 とすると，仮定により $|zF(z)| \leqq C$ であるから，

$$\begin{aligned} |I_2| &\leqq C\int_0^{\pi} e^{-\omega R\sin\varphi}\,d\varphi \\ &= 2C\int_0^{\frac{\pi}{2}} e^{-\omega R\sin\varphi}\,d\varphi \\ &\leqq 2C\int_0^{\frac{\pi}{2}} e^{-\omega R\frac{2\varphi}{\pi}}\,d\varphi \quad (\text{図}196) \\ &= \frac{C\pi}{\omega R}(1 - e^{-\omega R}) \to 0 \quad (R \to \infty). \end{aligned}$$

□

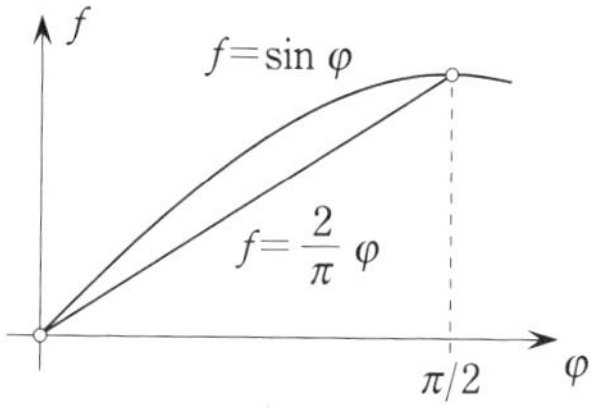

図 196　定理 10.3 の証明

注意. 上の証明の要所で $\omega > 0$ であることを使っている．$\omega < 0$ の場合にも証明は同じようにできるが，下半平面を回らなくてはならない．(11)と同様に，実用上重要な次の系が得られる．□

系. 共通因数をもたない実多項式 p, q について,条件
1) $[q\text{ の次数}] \geq [p\text{ の次数}] + 1$,
2) $\operatorname{Im} z > 0$ に存在する q の零点は $z_1, \cdots, z_N$,
$\operatorname{Im} z < 0$ に存在する q の零点は $w_1, \cdots, w_M$,
3) $x \in \mathbf{R}$ では $q(x) \neq 0$,

が満たされているならば,次の式が成り立つ:

$$(12) \quad \int_{-\infty}^{\infty} e^{i\omega x} \frac{p(x)}{q(x)} dx = \begin{cases} 2\pi i \sum_{k=1}^{N} \operatorname{Res}\left(e^{i\omega z} \frac{p(z)}{q(z)}, z_k\right), & \omega > 0, \\ 2\pi i \sum_{k=1}^{M} \operatorname{Res}\left(e^{i\omega z} \frac{p(z)}{q(z)}, w_k\right), & \omega < 0. \end{cases}$$

例 5. $I(\omega) = \displaystyle\int_{-\infty}^{\infty} \frac{\cos \omega x}{1+x^2} dx = \operatorname{Re} \int_{-\infty}^{\infty} \frac{e^{i\omega x}}{1+x^2} dx.$

被積分関数は 1 位の極 $z_1 = i$ と $w_1 = -i$ をもっている.留数は

$$\operatorname{Res}\left(\frac{e^{i\omega z}}{1+z^2}, i\right) = \frac{e^{-\omega}}{2i}, \quad \operatorname{Res}\left(\frac{e^{i\omega z}}{1+z^2}, -i\right) = -\frac{e^{\omega}}{2i}$$

であるから,系により,

$$\int_{-\infty}^{\infty} \frac{e^{i\omega x}}{1+x^2} dx = \begin{cases} \pi e^{-\omega} & (\omega > 0) \\ \pi e^{\omega} & (\omega < 0) \end{cases} = \pi e^{-|\omega|}.$$

これから $I(\omega) = \pi e^{-|\omega|}$ である(→第 11 章,6.1,例 3). □

Ⓓ コーシーの主値.

実軸上に関数 $F(z)$ の孤立特異点 x_0 が存在するとき,実軸に沿う $F(x)$ の積分のコーシーの主値とは

$$\mathrm{P}\int_{-\infty}^{\infty} F(x)\, dx = \lim_{\delta \to 0} \left[\int_{-\infty}^{x_0-\delta} F(x)\, dx + \int_{x_0+\delta}^{\infty} F(x)\, dx \right]$$

のことであった(→第 4 章,4.4).留数定理によれば,これは図197に示すような閉曲線 H に沿う周回積分

$$\oint_H F(z)\, dz$$

134 第10章 関 数 論

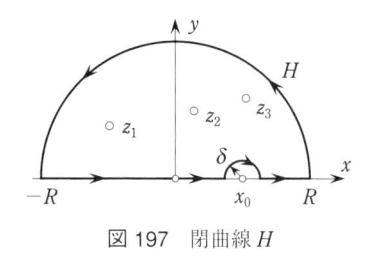

図 197 閉曲線 H

を求めた上で $R \to \infty$, $\delta \to 0$ の極限をとれば得られる式であることがわかる.

例 6. ディリクレ積分 $\mathrm{P}\int_{-\infty}^{\infty} \dfrac{e^{i\omega x}}{x} dx$, $\omega > 0$. コーシーの積分定理によって（図197で $x_0 = 0$ の場合）

$$0 = \oint_H \frac{e^{i\omega z}}{z} dz = \int_{-R}^{x_0-\delta} \frac{e^{i\omega x}}{x} dx + \int_{x_0+\delta}^{R} \frac{e^{i\omega x}}{x} dx + \int_{C_1} \frac{e^{i\omega z}}{z} dz - \int_{C_2} \frac{e^{i\omega z}}{z} dz,$$

ただし C_1 は半径 R の大きい半円周, C_2 は原点中心で半径 δ の（やはり正の向きに回る）小さい半円周である. 定理 10.3 で証明したことにより $R \to \infty$ のとき $\int_{C_1} \dfrac{e^{i\omega z}}{z} dz \to 0$ であるから, 残りは

$$\mathrm{P}\int_{-\infty}^{\infty} \frac{e^{i\omega x}}{x} dx = \lim_{\delta \to 0} \int_{C_2} \frac{e^{i\omega z}}{z} dz = \lim_{\delta \to 0} \sum_{k=0}^{\infty} \frac{(i\omega)^k}{k!} \int_{C_2} z^{k-1} dz = i\pi$$

となる. 両辺の虚部を比べれば, フーリエ変換における重要な積分公式

$$\mathrm{P}\int_{-\infty}^{\infty} \frac{\sin \omega x}{x} dx = \begin{cases} \pi, & \omega > 0 \\ 0, & \omega = 0 \\ -\pi, & \omega < 0 \end{cases}$$

を得る（→ 第11章, §6）. □

10.5* 零点と極の個数を数える積分

G を領域とする. 関数 f が G において極以外の点では解析的であるとき, $f: G \to \mathbf{C}$ は**有理型**であるという.

注意．1． 極は定義によって孤立特異点である．

2． 解析的な関数というのは特別な有理型関数である．

3． コンパクトな（有界で閉の）点集合の上では，有理型関数は極を有限個しかもたない．なぜなら，コンパクトな集合内に無限個の極があったとすると，極の集積点（特異点）が存在するはずである．しかしそれは孤立特異点ではないから，極でないことになるからである．□

零点または極の個数を数えるときにはその多重度まで考えに入れる．すなわち k 重の零点は k 個の零点と数える．また m 位の極は m 個の極と数える．

定理 10.4．零点と極の個数の公式． $f : G \Longrightarrow \mathbf{C}$ は有理型関数，C は区分的に正則な単純閉曲線でその上には零点と極はないとする．このとき次の式が成り立つ：
$$\frac{1}{2\pi i} \oint_C \frac{f'(z)}{f(z)} \, dz = N_C - P_C.$$
ここで N_C は C の内側にある零点の（重複度まで数えた）個数，P_C は C の内側にある極の（重複度まで数えた）個数を表わす．

証明． 留数定理によれば，左辺の積分は C の内側にある $\dfrac{f'(z)}{f(z)}$ の極の留数の和に等しい．ところが $\dfrac{f'}{f}$ の極というのは関数 f の零点および極である．a が m 重の零点ならば $m > 0$ として，a が m 重の極ならば $m < 0$ として，
$$f(z) = (z-a)^m g(z), \quad g(a) \neq 0$$
と書くことができるから（→§7(5)），
$$\frac{f'(z)}{f(z)} = \frac{m}{z-a} + \frac{g'(z)}{g(z)} \Longrightarrow \mathrm{Res}\left(\frac{f'(z)}{f(z)}, a\right) = m. \qquad □$$

この定理の役に立つ応用を 2 つ，以下に述べよう．

Ⓐ ルシェの定理（E. Rouché, 1832–1910）．

定理 10.5（ルシェによる）．G は単連結領域，C は G 内の単純閉曲線，$f, g : G \to \mathbf{C}$ は G で解析的であるとする．このとき，もし C 上で $|f| > |g|$ ならば f と $f - g$ とは C の内側に同数の零点をもつ．

証明． $\lambda \in \mathbf{R}$, $|\lambda| \leqq 1$ とする．f と $f + \lambda g$ は C の内側で解析的で

あるから，定理 10.4 によって
$$N(\lambda) := \frac{1}{2\pi i} \oint_C \frac{f'(z) + \lambda g'(z)}{f(z) + \lambda g(z)} dz$$
は $f(z) + \lambda g(z)$ の C の内側にある零点の個数に等しい．すなわち $N(\lambda)$ は λ の値によらず整数値をとる．一方，$N(\lambda)$ は λ の連続関数であるから値が不連続的に跳ぶことはない．それゆえ $N(\lambda) = $ 定数 でなければならない．したがって，$N(-1) = N(0)$．□

上の定理からの結論として実際上重要なことを 2 つだけあげておこう．

1. 方程式の解の存在と個数．

例 1. 方程式 $e^z = 5z^n$ は単位円 $|z| \leqq 1$ の内部にちょうど n 個の解をもっている．そのことを見るために，$f(z) = 5z^n$ ($z = 0$ に n 重の零点をもつ)，$g(z) = e^z$ としよう．$|z| = 1$ の上で $|f| = 5, |g| \leqq e$ であるから，定理 10.5 が適用できる．□

例 2. 代数学の基本定理 ($\to$ 7.3)．十分大きい半径の円 $|z| = R$ を C とすれば，定理 10.5 が
$$f(z) = a_n z^n + a_{n-1} z^{n-1} + \cdots + a_1 z + a_0,$$
$$g(z) = a_{n-1} z^{n-1} + \cdots + a_1 z + a_0$$
に対して適用できる（練習問題18）．□

2. 解析関数が領域を領域に移すこと．

G を領域とし，$f : G \Longrightarrow C$ は解析的であってしかも定数ではないとする．そのとき $f(G)$ はやはり領域である．

証明． 集合 $f(G)$ の連結性は関数 f の連続性だけからでる．あとは $f(G)$ が開集合であることを示せばよい．$w_0 \in f(G)$, 例えば $w_0 = f(z_0)$ とすると，z_0 を中心とする円周 $C = \{z \mid |z - z_0| = \delta\}$ でその上のすべての点 z について $f(z) - w_0 \neq 0$ であるようなものが存在する（$\to$ 7.2, 零点の孤立性）．いま $\varepsilon := \underset{z \in C}{\text{Min}} |f(z) - w_0|$ と定義すれば，$f(z) - w_0$ と $w - w_0$ ($w \in K_\varepsilon(w_0)$) をルシェの定理の中の f, g としてとることができる．その結果 $f(z) - w_0$ と $(f(z) - w_0) - (w - w_0) = f(z) - w$ とは同数の零点をもつことがわかる．特に $w \in f(G)$ すなわち $K_\varepsilon(w_0) \subseteq f(G)$ である．□

Ⓑ **偏角の原理．** §6 の基本積分 (5) と積分公式 (10) すなわち

§10. 留数の理論

$$\frac{1}{2\pi i}\oint_{|\zeta-z_0|=\rho}\frac{d\zeta}{\zeta-z_0} = \frac{1}{2\pi i}\oint_C \frac{d\zeta}{\zeta-z_0} = 1$$

(C は z_0 を正の向きに 1 周する単純閉曲線) をもとにして考察をはじめよう. 同一の曲線 C を k 重に回るか, または C として z_0 のまわりを回る k 個の単一閉曲線 (場合によってはその上にさらに z_0 を外に見るような閉曲線) をつなげたものをとることにすると (図198)

$$\frac{1}{2\pi i}\int_C \frac{d\zeta}{\zeta-z_0} = k$$

が成り立つ.

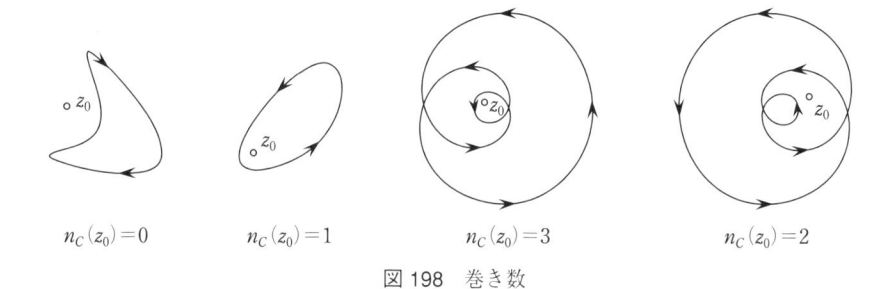

図 198 巻き数

そこで一般に, 任意の閉曲線 C と C 上にない任意の点 $z_0 \in C$ に対して, z_0 のまわりの C の巻き数を

$$n_C(z_0) := \frac{1}{2\pi i}\int_C \frac{d\zeta}{\zeta-z_0}$$

と定義する (→ §6, 練習問題 9). これは直観的には, (符号を別にすれば) C が z_0 のまわりを何回まわっているかを示す数である.

さて $G \subseteq \mathbb{C}$ は領域, f は G 上で有理型の関数とする. さらに $C:[\alpha,\beta] \to G$ は G における単純閉曲線で (内部は G に属している), f の極や零点を通らないとする. 興味を引くのは像曲線 $C_f : t \mapsto f(C(t))$ である. 特にこれが C_f の上にない零点を何回まわるかを知りたいことがある. その答えは何と次のようになる. 巻き数

$$n_{C_f}(0) = \frac{1}{2\pi i}\int \frac{d\zeta}{\zeta}$$

に $\zeta(t) = f(C(t))$, $d\zeta = f'(C(t))\dot{C}(t)\,dt$ を代入して計算すると

$$n_{C_f}(0) = \frac{1}{2\pi i}\int_\alpha^\beta \frac{f'(C(t))}{f(C(t))}\dot{C}(t)\,dt = \frac{1}{2\pi i}\int_C \frac{f'(z)}{f(z)}\,dz$$

となるのである.

定理 10.4 を適用すると,

(13) 　　　　像曲線 C_f は f の零点を $|N_C - P_C|$ 回まわる.

この結果を**偏角の原理**という.直観的に述べると, z が単純閉曲線に沿って 1 回まわると $f(z)$ の偏角は 2π の $|N_C - P_C|$ 倍だけ増加(または減少)するということである.

注意. C を適切に(場合によっては可変に)選ぶことによって, 零点を求めるために(13)を応用することができる. □

例 3. 有理伝達関数に対するナイキストの安定条件.

図に示すような線形伝達フィードバック制御系は増幅率 $k \in \boldsymbol{R}$ に依存する伝達関数

$$H(s) = \frac{H_1(s)}{\dfrac{1}{k} + H_1(s)H_2(s)}$$

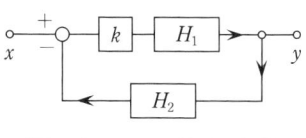

図 199　フィードバック系

をもつ(第 9 章, 6.3). H_1 と H_2 は実係数の有理関数で, [分母の次数] > [分子の次数] であるとする. さらに系は順方向にも逆方向にも安定である(→ 第 9 章, 10.3 ; H_1 と H_2 の極はすべて左半平面 $\mathrm{Re}\,s < 0$ にある)と仮定すれば, このフィードバック系の安定性の k に対する依存性を解析することができる. それには関数 $f(s) := H_1(s)H_2(s)$ に偏角の原理を適用すればよい, すなわち

　　このフィードバック系は虚軸 C の像曲線 C_f が点 $-\dfrac{1}{k}$ のまわりを回っていないとき, しかもそのときに限って安定である.

証明. $f = H_1 H_2$ は右半平面内と虚軸上には極をもっていない. $H(s)$ が安定であるためには $f(s) + \dfrac{1}{k}$ が $\mathrm{Re}\,s \geqq 0$ に零点をもっていてはならない.

それゆえ，図200a に示すような C_R については $f(C_R) + \dfrac{1}{k}$ の点 0 のまわりの巻き数は 0 に等しくなくてはならない．この巻き数はまた $f(C_R)$ の $-\dfrac{1}{k}$ のまわりの巻き数でもある．$s \to \infty$ のとき $f(s) \to 0$ なのであるから（［分母の次数］＞［分子の次数］）R はいくらでも大きくとることができ，そのときには半円弧の像は点 0 に収縮してしまう．□

注意． H_1 と H_2 は係数が実数であるから，像曲線 $f(i\omega)$，$-\infty < \omega < \infty$ は実軸に関して対称である．それゆえ，このフィードバック系の安定性は正の虚軸の像だけから読み取ることができる．これは制御問題でよく行なわれることである．

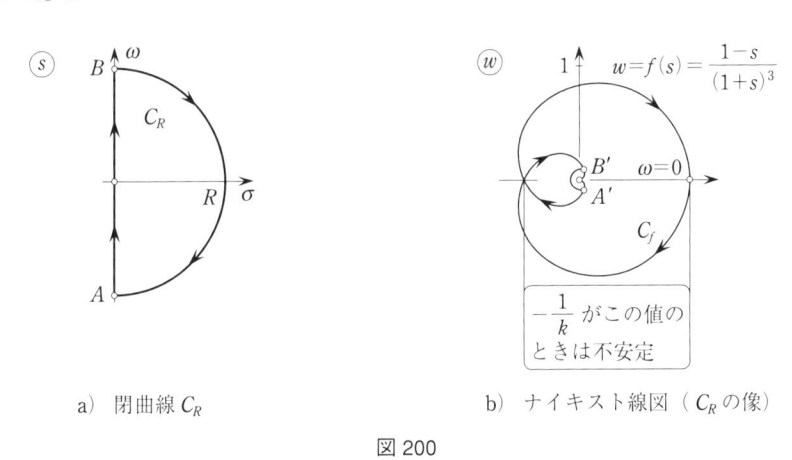

a) 閉曲線 C_R

b) ナイキスト線図（C_R の像）

図 200

練習問題

1. §9，練習問題 5 の各関数の特異点における留数を求めよ．下図の曲線に沿う積分の値を計算せよ．

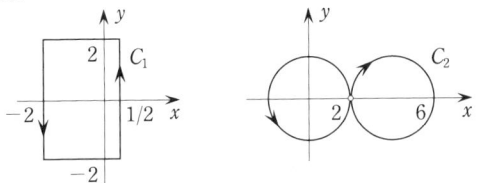

問 1 用

2. 留数を利用して関数 $f(z) = \dfrac{3z^2 - 3}{z^5 + 32}$ を部分分数に分解せよ．

3. 留数計算によって以下の積分の値を求めよ：

   a) $\displaystyle\int_0^{2\pi} \cos^n t\, dt,$　　b) $\displaystyle\int_0^{2\pi} \sin^n t\, dt,$　　c) $\displaystyle\int_0^{2\pi} \sin(e^{it})\, dt,$

   d) $\displaystyle\int_0^{2\pi} \cos(e^{it})\, dt,$　　e) $\displaystyle\int_0^{2\pi} \dfrac{d\varphi}{5 + 3\sin\varphi},$　　f) $\displaystyle\int_0^{2\pi} \dfrac{d\varphi}{1 - 2\rho\cos\varphi + \rho^2}.$

4. 次数 n が 1 より大きい複素多項式 $p(z)$ のすべての零点を内側に囲む単純閉曲線を C とするとき

   $(*)$ $$\oint_C \frac{dz}{p(z)} = 0$$

   が成り立つ．

   a) $p(z) = z^4 + 1$ について上のことを具体的に確かめよ．

   b) $\dfrac{1}{p(z)}$ のローラン展開式で $|z|$ が大きいときに収束するものは次の形をもつことを示せ：

   $$\frac{1}{p(z)} = \frac{c_{-n}}{z^n} + \frac{c_{-n-1}}{z^{n+1}} + \cdots, \quad |z| > R.$$

   このことを使って $(*)$ を証明せよ．

5. $g(z) := f(-z)$ ならば $\mathrm{Res}(f, a) = -\mathrm{Res}(g, -a)$ であることを示せ．

6. 次の積分を計算せよ：

   a) $\displaystyle\int_0^{2\pi} \dfrac{2\sin 2\varphi}{(5 + 4\cos\varphi)^2}\, d\varphi.$

   b) $\displaystyle\oint_C \dfrac{z - z^2 + \sin z}{\sinh z}\, dz$　（C は右図）．

7. 留数定理を用いて次の実積分を計算せよ：

   a) $\displaystyle\int_{-\infty}^{\infty} \dfrac{dx}{x^6 + 5}.$

   b) $\displaystyle\int_{-\infty}^{\infty} \dfrac{x^2}{a^4 + x^4}\, dx,\ a > 0.$

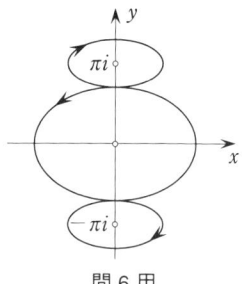

問 6 用

比較のために，b) を不定積分の表からも計算してみよ．このときどういうことに注意すべきか．

8. 留数定理を用いて $\int_0^\infty \dfrac{\cos x}{x^2+a^2}dx$ を計算せよ.

9. 実積分 $\int_0^\infty \dfrac{x}{x^4+1}dx$ を右図の閉曲線 C_R に沿う複素積分の $R\to\infty$ の極限をとることにより計算せよ.

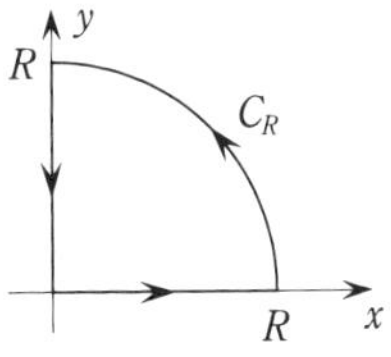

問 9 用

10. 次の積分を計算せよ:

a) $\displaystyle\int_{-\infty}^\infty \dfrac{10(x^2+6x+1)}{(x^2+6x+10)(x^2+4x+5)}dx$.

b) $\displaystyle\int_{-\infty}^\infty \left(\dfrac{x}{1+4x^2}\right)^4 dx$.

c) $\displaystyle\int_0^\infty \dfrac{\cos x}{(x^2+1)^5}dx$.

11. 関数 $f(x)=\dfrac{1}{\cosh x}$ のフーリエ変換

$$F(\omega)=\dfrac{1}{\sqrt{2\pi}}\int_{-\infty}^\infty \dfrac{e^{i\omega x}}{\cosh x}dx$$

を,周回積分 $\displaystyle\oint_C \dfrac{e^{i\omega z}}{\cosh z}dz$ (C は右図) に対して $R\to\infty$ の極限移行を行なって求めよ.

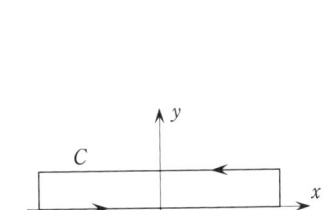

問 11 用

12. 積分

$$\int_0^\infty \dfrac{dx}{1+x^n},\quad n=2,3,4,\cdots$$

を,周回積分 $\displaystyle\oint_{C_R}\dfrac{dz}{1+z^n}$ の極限移行によって求めよ.

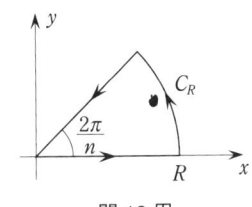

問 12 用

13. 関数 $w=\dfrac{1}{\sqrt{z}-2}$ は,$\sqrt{z}$ としてその主値をとることにすれば $\mathrm{Re}\,z>0$, $z\ne 4$ で解析的である (→ §9, 練習問題 8).

a) $\displaystyle\int \dfrac{dz}{z(\sqrt{z}-2)}$ を次の径路に沿って計算せよ:

・直線 $\mathrm{Re}\,z=1$ ($\mathrm{Im}\,z$ は $+\infty$ から $-\infty$ へ),

・直線 $\mathrm{Re}\,z=5$ ($\mathrm{Im}\,z$ は $+\infty$ から $-\infty$ へ).

b) 共形写像 $z\mapsto w(z)$ による点集合 $\mathrm{Re}\,z>0$ かつ $\mathrm{Im}\,z>0$ の像を求めよ.写像の各段階を簡単に図示せよ.

14. 図197の型の周回積分路をとり，留数定理を用いて
$$\int_{-\infty}^{\infty} \frac{\cos \omega x}{(1+x)(1+x^2)}\,dx, \quad \omega > 0$$
のコーシーの主値を求めよ．

15. 右図の閉曲線 C に沿う積分．
$$\oint_C \frac{(\text{Log } z)^2}{1+z^2}\,dz$$
を計算し，その結果から
$$\int_0^\infty \frac{(\ln x)^2}{1+x^2}\,dx = \frac{\pi^3}{8}$$
であることを導け．

問15用

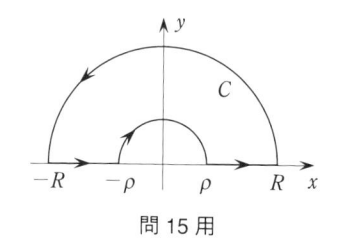

16. ラプラス変換の式
$$F(s) = \int_0^\infty e^{-st}f(t)\,dt = \frac{1}{\sqrt{1+s^2}}$$
から関数 $f(t)$ のべき級数展開式を求めよ．

17. $F(s) = (s-a)^{-1}$ に対するラプラス逆変換を積分公式と留数定理とを用いて実行せよ．

18. 10.5，例2に述べた説明を補って代数学の基本定理の証明を完結させよ．

練習問題の略解

第10章 §1

1. a) $z = (1+5\lambda) + i(1-2\lambda), \lambda \geqq 0$. $1+i$ から出て $6-i$ を通る半直線. グラフは省略（以下同様）.

b) $|z| = 5/\sqrt{2}$. 原点中心, 半径 $5/\sqrt{2}$ の円周.

c) $3-i$ を中心とし, 半径5の円周.

d) $z = \dfrac{1}{t} + i\left(t + \dfrac{1}{t}\right) = x + iy$ と置けば $x(y-x) = 1$. 直線 $x=0$ および直線 $y-x=0$ を漸近線とする, 右肩上りの軸をもつ双曲線.

e) $|z-3|/|z+3| < 2$. 2点 $z = 3, -3$ から決まるアポロニウスの円 ($-1, -9$ が直径の両端) の外側の領域.

f) 直線 $y = -1$ の上およびその上側の部分. 開集合でないから領域ではない.

g) $z^2 = (x^2 - y^2) + i2xy$ であるから $\operatorname{Im} z^2 = 2xy \leqq 2$. すなわち双曲線 $xy = 1$ の上およびそれにはさまれた部分. 開集合でないから領域ではない.

h) $\operatorname{Re} \dfrac{1}{z} = \dfrac{x}{x^2+y^2} = 1$. 中心 $\dfrac{1}{2}$, 半径 $\dfrac{\sqrt{5}}{2}$ の円周.

i) 中心 $1 - \dfrac{i}{2}$, 半径 $\dfrac{1}{2}$ の円周および外側. 開集合でないから領域ではない.

j) 放物線 $y^2 = 1 - 2x$ の上と内側. 開集合でないから領域ではない.

k) $1 + z^2 = 1 + x^2 - y^2 + i2xy$ であるから $1 + x^2 - y^2 > 0, xy = 0$. すなわち $y = 0$, および $x = 0$ かつ $|y| < 1$.

2. a) $-\dfrac{1}{5}, \dfrac{3}{5}, \sqrt{\dfrac{2}{5}}, -\operatorname{Arctan} 3 + n\pi \ (n \in \boldsymbol{Z})$.

$-16, 16, 16\sqrt{2}, \dfrac{3}{4}\pi + 2n\pi \ (n \in \boldsymbol{Z})$.

$\sqrt{2} \cos\left(\varphi + \dfrac{\pi}{4}\right), \sqrt{2} \sin\left(\varphi + \dfrac{\pi}{4}\right), \sqrt{2}, \varphi + \dfrac{\pi}{4} + 2n\pi \ (n \in \boldsymbol{Z})$.

b) $-\dfrac{1}{5}, -\dfrac{2}{5}, \dfrac{1}{\sqrt{5}}$, Arctan $2 + (2n+1)\pi$ $(n \in \mathbf{Z})$.

$0, -1, 1, -\dfrac{\pi}{2} + 2n\pi$ $(n \in \mathbf{Z})$. $\cos\dfrac{n\pi}{3}, \sin\dfrac{n\pi}{3}, 1, \dfrac{n\pi}{3} + 2m\pi$ $(m \in \mathbf{Z})$.

3. a) $Z = -\dfrac{i}{C\omega}, Y = \dfrac{1}{Z} = iC\omega$.

b) $Z = R - \dfrac{i}{C\omega}$.

c) $Z = \dfrac{-\dfrac{i}{C\omega}\left(R - \dfrac{i}{C\omega}\right)}{R - \dfrac{2i}{C\omega}}$.

d) $Z = \dfrac{-i\dfrac{R}{C\omega}}{R - \dfrac{i}{C\omega}}$.

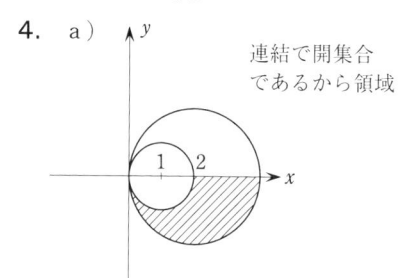

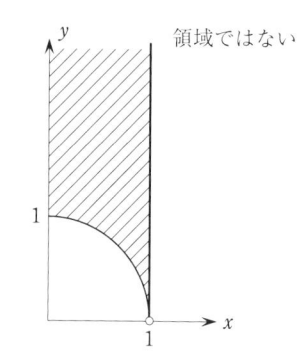

4. a) 連結で開集合であるから領域

b) 領域ではない

5. a) $z_n = \dfrac{1+i}{n}$.

b) $z_n = \dfrac{1}{n} + in$.

直線 $y = x$ の上，集積点は $z_\infty = 0$.　双曲線 $xy = 1$ の上.

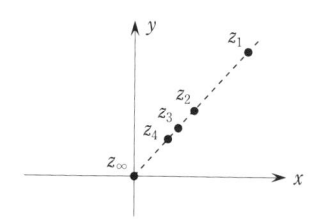

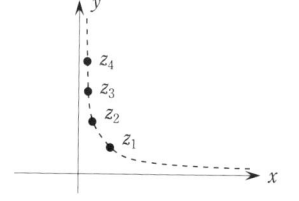

c) $z_n = e^{in\pi/4}$.

単位円周上,角間隔 $\dfrac{\pi}{4}$.

d) $z_n = e^{in}$.

単位円周上,角間隔 1.

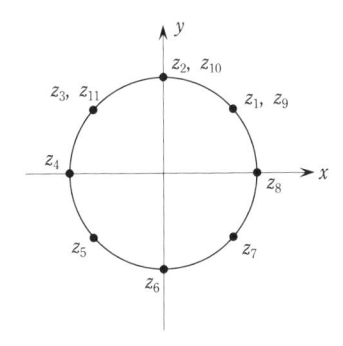

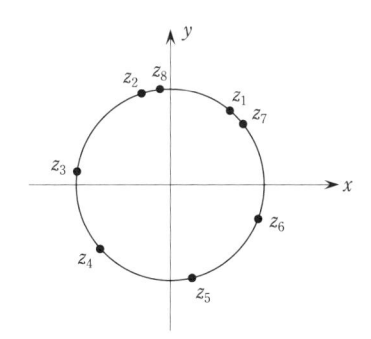

6. a) $z = 4^{\frac{1}{7}} e^{i\alpha}$ と置けば $z^7 = 4 e^{i7\alpha}$. $e^{i7\alpha} = e^{i\pi}$ から $\alpha = \dfrac{2k+1}{7}\pi$ ($k = 0, 1, 2, 3, 4, 5, 6$).

b) $z = 2 e^{i\alpha}$ と置けば
$$\alpha = \dfrac{2k+1}{6}\pi \quad (k = 0, 1, 2, 3, 4, 5).$$

7. $z_1 - z_2 = r e^{i\alpha}$, $z_3 - z_2 = s e^{i\beta}$ ($r > 0, s > 0$; $\alpha, \beta \in \boldsymbol{R}$) と置けば $\operatorname{Re} e^{i(\alpha - \beta)} = 0$ から $\cos(\alpha - \beta) = 0$.

したがって $\alpha - \beta = \pm \dfrac{\pi}{2} + 2k\pi$ ($k \in \boldsymbol{Z}$).

8. $\operatorname{Re} \dfrac{z_1 - z_3}{z_2 - z_4} = 0$.

9. a) $\boldsymbol{x}_u = \dfrac{2}{(u^2 + v^2 + 1)^2} \begin{bmatrix} -u^2 + v^2 + 1 \\ -2uv \\ 2u \end{bmatrix}$,

$\boldsymbol{x}_v = \dfrac{2}{(u^2 + v^2 + 1)^2} \begin{bmatrix} -2uv \\ u^2 - v^2 + 1 \\ 2v \end{bmatrix}$

である.

b) (u, v) 面上に半径 r の円周が与えられたとする.(u, v) 軸の向きを適当に選んで,この円周が $u = u_\varphi = a + r \cos\varphi$, $v = v_\varphi = r \sin\varphi$ ($0 \leqq \varphi \leqq 2\pi$) と表わされるようにする.この円周上に次の 3 点 A, B, C を選ぶ:

$(u_A, v_A) = (a, r), (u_B, v_B) = (a, -r), (u_C, v_C) = (a + \rho, 0)$.

この円周上のすべての点の立体射影が同一平面上にあることを証明するには，例えば上の3点 A, B, C の立体射影の3点によって定まる平面上に (u_φ, v_φ) の立体射影の点がのっていることを示せばよい．それは，実際の計算によって行列式

$$\begin{vmatrix} 2u_\varphi & 2v_\varphi & u_\varphi^2 + v_\varphi^2 - 1 & u_\varphi^2 + v_\varphi^2 + 1 \\ 2u_A & 2v_A & u_A^2 + v_A^2 - 1 & u_A^2 + v_A^2 + 1 \\ 2u_B & 2v_B & u_B^2 + v_B^2 - 1 & u_B^2 + v_B^2 + 1 \\ 2u_C & 2v_C & u_C^2 + v_C^2 - 1 & u_C^2 + v_C^2 + 1 \end{vmatrix}$$

の値が φ の値にかかわらず 0 に等しくなることからわかる．

10. 省略．

11. 絞首台があった位置 O を原点とする複素平面を想定し，椰子の木の位置を複素数 a で，三つ岩の位置を複素数 b で表わす．指定された通りにすると，第1の旗の位置は $(1+i)a$, 第2の旗の位置は $(1-i)b$, したがって宝が埋めてある地点はその中点

$$\frac{1}{2}\{(1+i)a + (1-i)b\} = \frac{1}{2}(a+b) + i\frac{1}{2}(a-b)$$

ということになる．

一方，もし O とは異なる点 O' (O から見て複素数 c で表わされる点) から出発して全く同じことを行なったとすると，宝があるはずの位置は

$$\frac{1}{2}(a' + b') + i\frac{1}{2}(a' - b')$$

である．この式に $a' = a - c, b' = b - c$ を代入すれば

$$\frac{1}{2}(a+b) + i\frac{1}{2}(a-b) - c$$

となる．つまりどこに絞首台があったとしても，堀る地点は同じことになるわけであった．

第10章 §2

1. この正方形の頂点は w 面の正方形の頂点 $-1+i, 2i, -1+3i, -2+2i$ に移る．$z = x + iy, w = u + iv$ と書けば $u = x - y - 1, v = x + y + 1$ であるから，この写像は

$$\begin{bmatrix} u \\ v \end{bmatrix} = \begin{bmatrix} 1 & -1 \\ 1 & 1 \end{bmatrix} \begin{bmatrix} x \\ y \end{bmatrix} + \begin{bmatrix} -1 \\ 1 \end{bmatrix}$$

と書ける（グラフは省略）．

2. a) $z = re^{i\varphi}$ とすれば $w = \dfrac{1}{r}e^{-i\varphi}$. z が原点中心,半径 r の円周を反時計方向に回れば,w は原点中心,半径 $\dfrac{1}{r}$ の円周を時計方向に回る(グラフは省略).

b) $z = (1+i)t$, $w = \dfrac{1-i}{2}\dfrac{1}{t}$.

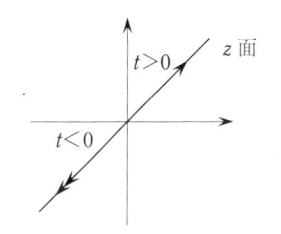

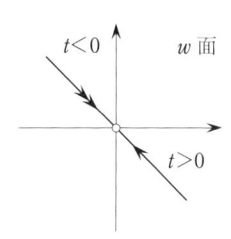

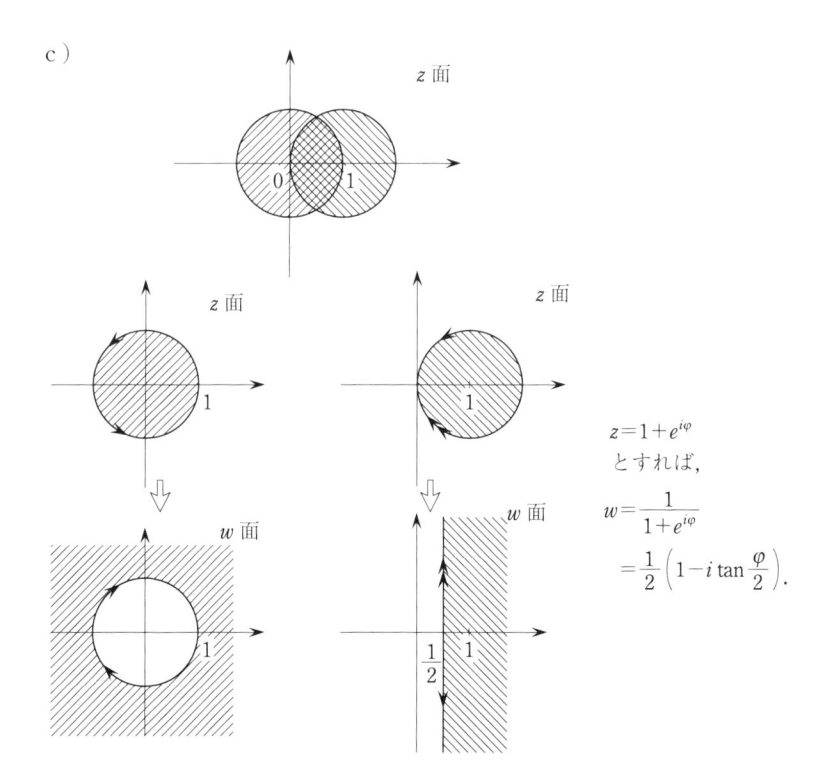

c)

$z = 1 + e^{i\varphi}$ とすれば,
$$w = \dfrac{1}{1+e^{i\varphi}} = \dfrac{1}{2}\left(1 - i\tan\dfrac{\varphi}{2}\right).$$

3. a) $z=1$ は $w=-1$ に. $z=1+i$ は $w=2i$ に. $w=1$ に移るのは
$$z = \pm \frac{1+i}{\sqrt{2}},$$
$w=1+i$ に移るのは
$$z = \pm \frac{1}{\sqrt{2}}(\sqrt{\sqrt{2}+1} + i\sqrt{\sqrt{2}-1}).$$
b), c), d) 省略 (2.1 の例 4 参照).

4. 省略 (2.3 参照).

5. a) $\mathrm{Re}\, z = 0$. $z = iy$ と置けば $w = \dfrac{i}{2}\left(y - \dfrac{1}{y}\right)$. y 軸は v 軸に. $y>0$ では

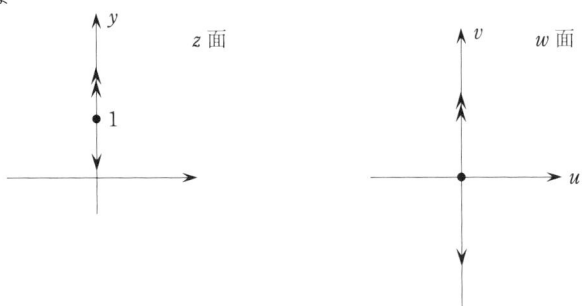

$\mathrm{Im}\, z = 0$. $z = x$ と置けば $w = \dfrac{1}{2}\left(x + \dfrac{1}{x}\right)$. x 軸は u 軸に. $x > 0$ では

$|z| = 1$. $z = e^{i\varphi}$ ($0 \leqq \varphi \leqq 2\pi$) と置けば $w = \dfrac{1}{2}(e^{i\varphi} + e^{-i\varphi}) = \cos\varphi$.

したがって z 面の原点中心の単位円は w 面の線分 $-1 \leqq u \leqq 1$ に移る. z 面でこの円を 1 周すると, w 面ではこの線分を 1 往復する.

b) 逆写像: $z^2 - 2wz + 1 = 0$ から $z = w + \sqrt{w^2 - 1}$.

$\mathrm{Re}\, w = 0$ の逆像: $\mathrm{Re}\, w = x\left(1 + \dfrac{1}{x^2 + y^2}\right) = 0$ から $x = \mathrm{Re}\, z = 0$.

c） 省略.

6. a） $e^2(\cos 1 + i \sin 1)$, $\cos 1 \cosh 2 - i \sin 1 \sinh 2$, $\cos 1$.

b） $\sin z = 1000$.

$e^{iz} = \zeta$ と置けば, $\dfrac{1}{2i}\left(\zeta - \dfrac{1}{\zeta}\right) = 1000$ から $\zeta = i\,10^3(1 \pm \sqrt{1 - 10^{-6}})$.

∴ $z = -i \log \zeta = \arg \zeta - i \ln |\zeta|$.

ここで $\arg \zeta = \left(2n + \dfrac{1}{2}\right)\pi$,

$\ln |\zeta| = \ln 10^3 + \ln(1 \pm \sqrt{1 - 10^{-6}}) \fallingdotseq \pm(3\ln 10 + \ln 2)$.

7. $\overline{e^z} = \overline{e^{x+iy}} = \overline{e^x\,e^{iy}} = \overline{e^x(\cos y + i \sin y)} = e^x(\cos x - i \sin y) = e^x\,e^{-iy}$
$= e^{x-iy} = e^{\bar z}$ など.

8. $i^z = e^{z \log i}$. ここで $\log i = \ln|i| + i \arg i = i\left(2n + \dfrac{1}{2}\right)\pi$.

∴ $w = e^{i\alpha z}\left(\alpha = \left(2n + \dfrac{1}{2}\right)\pi,\ n \in \mathbf{Z}\right)$ について考える.

9. $(-1)^i = e^{i\log(-1)}$. $\log(-1) = \ln|-1| + i\arg(-1) = i(2n+1)\pi$ であるから,

$$(-1)^i = e^{(2n+1)\pi}, \quad n \in \mathbf{Z}.$$

10. a） $0 < \varphi \leqq 2\pi$ の分枝を求める. $z = re^{i\varphi}$ とする. $\sqrt{z} = \sqrt{x+iy}$
$= \sqrt{r}\,e^{i\frac{\varphi}{2}}\left(0 < \dfrac{\varphi}{2} \leqq \pi\right)$ と一致するように u, v の符号を定めれば,

$$\sqrt{x+iy} = s(y)\sqrt{\dfrac{1}{2}(\sqrt{x^2+y^2}+x)} + i\sqrt{\dfrac{1}{2}(\sqrt{x^2+y^2}-x)}.$$

ただし, $s(y) = \begin{cases} 1 & (y > 0), \\ -1 & (y \leqq 0). \end{cases}$

b） $-\dfrac{\pi}{2} < \varphi \leqq \dfrac{3}{2}\pi$ の分枝を求める.

$$\sqrt{x+iy} = s_3(\varphi)\sqrt{\dfrac{1}{2}(\sqrt{x^2+y^2}+x)} + is_4(\varphi)\sqrt{\dfrac{1}{2}(\sqrt{x^2+y^2}-x)}.$$

ただし,

$$s_3(\varphi) = \begin{cases} -1 & \left(\pi \leqq \varphi \leqq \dfrac{3}{2}\pi\right), \\ 1 & (\text{その他}), \end{cases} \qquad s_4(\varphi) = \begin{cases} -1 & \left(-\dfrac{\pi}{2} < \varphi \leqq 0\right), \\ 1 & (\text{その他}) \end{cases}$$

11. a） $\xi = f_1(z) = z - 1$, $\eta = f_2(\xi) = \sqrt{\xi}$, $\zeta = f_3(\eta) = \eta - i$, $w = $

$f_4(\zeta) = \zeta^2$.

合成すれば $w = (\sqrt{z-1} - i)^2$.

b) 本問中のグラフがそのことを示している.

c) $w = (\sqrt{z-1} - i)^2$ から逆写像の関数形は $z = w + 2i\sqrt{w}$ である.右辺の $\sqrt{w}$ に平方根の主分枝の表示（24ページ）を用いれば,

$$\begin{cases} x = u - 2\sqrt{\dfrac{1}{2}(\sqrt{u^2+v^2}-u)}, \\ y = v + 2\sqrt{\dfrac{1}{2}(\sqrt{u^2+v^2}+u)}. \end{cases}$$

w 面における実軸に平行な流線 $v=1$ に対応する z 面における放物線のまわりの流線は, u をパラメータとして

$$\begin{cases} x = u - \sqrt{2(\sqrt{u^2+1}-u)} \\ y = 1 + \sqrt{2(\sqrt{u^2+1}+u)} \end{cases}$$

と表わすことができる.（上に導いた (u,v) と (x,y) の変換式で特に $v=0$ と置けば, $x=u, y=\sqrt{4u}$, すなわちはじめの放物線 $y^2 = 4x$ が得られる.）

12. a) $\xi = f_1(z) = z^2, \eta = f_2(\xi) \equiv \xi + 1, w = f_3(\eta) = \sqrt{\eta}$ を重ねればよい.

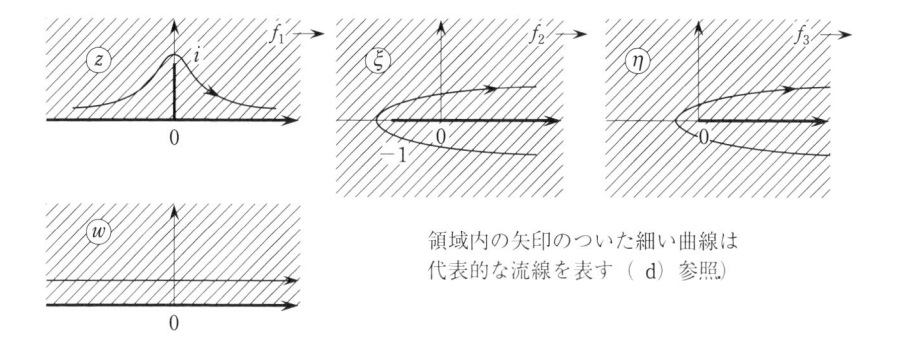

領域内の矢印のついた細い曲線は
代表的な流線を表す（d）参照）

b) 分枝の切れ目は正の実軸にとる.

c) 逆写像. $w = \sqrt{z^2+1}$ から $z = \sqrt{w^2-1}$.

d) w 面で実軸に平行な直線 $\operatorname{Im} w = a$（定数）は, z 面でのついたてを乗り越える流れの流線になっているはずである. $w = u + ia$ と置いてその流線のパラメータ表示を導く.

$w^2 - 1 = (u+ia)^2 - 1 = (u^2 - a^2 - 1) + i2au$ であるから, 平方根の表示式（24ページ）にしたがって計算すれば,

$$\begin{cases} x = \sqrt{\dfrac{1}{2}\left(\sqrt{u^4+2(a^2-1)u^2+(a^2+1)^2}+(u^2-a^2-1)\right)}, \\ y = \sqrt{\dfrac{1}{2}\left(\sqrt{u^4+2(a^2-1)u^2+(a^2+1)^2}-(u^2-a^2-1)\right)}. \end{cases}$$

13. $n \in \mathbf{Z}$ として
$i^i = e^{i\log i} = e^{(-\frac{1}{2}+2n)\pi}$.
$(-i)^i = e^{(\frac{1}{2}+2n)\pi}$.
$(-1)^i = e^{(-1+2n)\pi}$.
$2^i = e^{2n\pi}\{\cos(\ln 2)+i\sin(\ln 2)\}$.

14. a) $n \in \mathbf{Z}$ として
$\log 3 = \ln |3| + i\arg 3 = \ln 3 + i\,2n\pi$.

$\log(2+3i) = \ln\sqrt{13} + i\left(\mathrm{Arctan}\dfrac{3}{2}+n\pi\right)$.

$\log(e+2\pi i) = \dfrac{1}{2}\ln(e^2+4\pi^2) + i\left(\mathrm{Arctan}\dfrac{2\pi}{e}+n\pi\right)$.

  b) $z = e^{i\pi} = -1$.
  $z = e^2(\cos 1 - i\sin 1)$.
  $z = e^e$

15. a) $\sin w = \dfrac{e^{iw}-e^{-iw}}{2i} = z$ を e^{iw} について解き，その対数をとる．

  b) 省略．

第10章 §3

1. a) 不動点：$0, 1+i$. 逆写像：$z = \dfrac{iw}{w-1}$. $0, 1, \infty$ の像：$0, \dfrac{1+i}{2}, 1$.
$0, 1, \infty$ の逆像：$0, \infty, i$.

  b) $\mathrm{Re}\,z \geqq 0$ の像：$\mathrm{Im}\,w \geqq 0$. $\mathrm{Im}\,z \geqq 0$ の像：$\left|w-\dfrac{1}{2}\right| \geqq \dfrac{1}{2}$. $|z|<1$ の像：$\mathrm{Re}\,w \leqq \dfrac{1}{2}$.

  c) $z = x+iy, w = u+iv$ とすれば $u = \dfrac{x^2+y^2-y}{x^2+(y-1)^2}, v = \dfrac{x}{x^2+(y-1)^2}$.
w 面の直線 $v = \alpha u + \beta$ $(\alpha, \beta \in \mathbf{R})$ は z 面の円

$$\left(x - \frac{1}{2(\alpha+\beta)}\right)^2 + \left(y - \frac{\alpha+2\beta}{2(\alpha+\beta)}\right)^2 = \frac{\alpha^2+1}{4(\alpha+\beta)^2}.$$

直線 $u = \gamma$（実定数）は円 $(1-\gamma)x^2 + (1-\gamma)y^2 - (1-2\gamma)y = \gamma$.

$w = 0$ を通る直線は $\beta = 0$ と置いて $\left(x - \frac{1}{2\alpha}\right)^2 + \left(y - \frac{1}{2}\right)^2 = \frac{1}{4}\left(1 + \frac{1}{\alpha^2}\right)$.

2. 6点公式 $\dfrac{(w-0)(2i-(1-i))}{(w-(1-i))(2i-0)} = \dfrac{(z-(-1))(i-(1+i))}{(z-(1+i))(i-(-1))}$ から

$$w = \frac{(1+i)z + 1 + i}{(2i-2)z + 2i + 3}.$$

3. a) 6点公式 $\dfrac{(w-i)(\infty-1)}{(w-1)(\infty-i)} = \dfrac{(z-0)(i-\infty)}{(z-\infty)(i-0)}$ から $h(z) = \dfrac{z+1}{z-i}$.

b) $h(f(z)) = \dfrac{(1+i)z}{1-i} = z$ から不動点は $z = 0$.

c) $z = x + iy$, $w = f(z) = u + iv$ と置けば

$$u = \frac{x-y-1}{x^2+(y+1)^2}, \quad v = \frac{x^2-x+y^2+y}{x^2+(y+1)^2}.$$

$f(z)$ によって $\mathrm{Re}\,z = 0$ は $u + 1 = v$ に，$\mathrm{Im}\,z = 0$ は

$$\left(u + \frac{1}{2}\right)^2 + \left(v - \frac{1}{2}\right)^2 = \frac{1}{2}$$

に写像される．

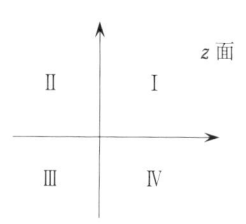

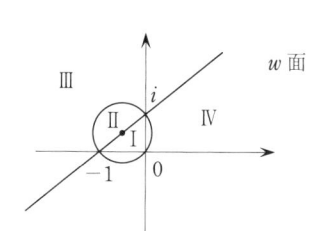

d) 省略．

e) $z = f^{-1}(w) = \dfrac{i(w+1)}{i-w}$. $\mathrm{Re}\,w = 0$ は $x - y = 1$ に，$|w| = 1$ は $x + y = 0$ に移る．すなわち

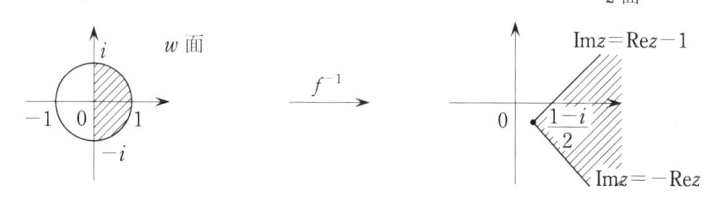

4. $f(z) = \dfrac{az+b}{cz+d}$, $ad - bc \neq 0$, $a, b, c, d \in \boldsymbol{C}$ と置く．$f(0) = 0, f(-1) = 1$ から $f(z) = \dfrac{az}{cz+c-a}$．$z = 1 + 2e^{i\theta}$ $(0 \leqq \theta \leqq 2\pi)$ と置けば，$|f(1 + 2e^{i\theta})| = 1$ から $a = c$ または $a = -2c$．$a = c$ は $f(z) = 1$ となるから不適．結局 $a = -2c$ として $f(z) = -\dfrac{2z}{z+3}$．

5. z_1, z_2 は 2 円 $|z| = r, |z-1| = r$ に関して互いに鏡像であるから $z_2 = \dfrac{r^2}{\bar{z}_1}$, $z_2 = \dfrac{r^2}{\bar{z}_1 - 1} + 1$ の関係を満たす．これから $\dfrac{r^2}{z_i} = \dfrac{r^2}{z_i - 1} + 1$ $(i = 1, 2)$．これを解いて $z_i = \dfrac{1 \pm \sqrt{1 - 4r^2}}{2}$ $(i = 1, 2)$．$r < \dfrac{1}{2}$ であるから z_1, z_2 はどちらも実軸上にある．

次に $f(z) = \dfrac{z - z_1}{z - z_2}$ を考える．$f(z_1) = 0, f(z_2) = \infty$ であるから，f によって上の 2 円は原点中心の円に移る（定理 3.5）．したがって，円
$$|z| = r, \quad |z - 1| = r$$
は原点中心，半径
$$\left|\dfrac{r - z_1}{r - z_2}\right|, \quad \left|\dfrac{r + r - z_1}{r + 1 - z_2}\right|$$
の円にそれぞれ写像される．

6. a）6 点公式により $w = T(z) = \dfrac{iz + 1}{z + i}$．$T(\infty) = i$．不動点：$\pm 1$．$\operatorname{Im} z > 0$ の T による像は $|w| < 1$．

b）$T(z) = i + \dfrac{2}{z + i}$ であるから
$$z \xrightarrow{f} z + i \xrightarrow{g} \dfrac{1}{z + i} \xrightarrow{h} \dfrac{2}{z + i} \xrightarrow{f} i + \dfrac{2}{z + i}$$
と考えて $T = f \circ g \circ h \circ f$．

c）$T(\bar{z}) = \dfrac{1}{\overline{T(z)}}$．

d）$T^{-1}(w) = \dfrac{-iw + 1}{w - i}$, $T \circ T(z) = \dfrac{1}{z}$．

e) 実軸に垂直な直線を $z = a + iy$ $(a \in \boldsymbol{R})$ と置けば,
$$\left| T(a + iy) - \left(\frac{1}{a} + i \right) \right| = \frac{1}{a}$$
となるから，この直線は中心 $\frac{1}{a} + i$, 半径 $\frac{1}{a}$ の円周に移る.

7. G を図示すれば次の左の図のようになる. G を $\{w \in \boldsymbol{C} \cup \{\infty\} \mid \mathrm{Im}\, w > 0,\ 0 < \mathrm{Re}\, w < 1\}$ (この領域を H とする；次の右の図) に写像するには，境界の向きづけと対応を適切に行ない，6 点公式によって

z	0	4	2
w	∞	0	1

$$\frac{(w - \infty)(0 - 1)}{(w - 1)(0 - \infty)} = \frac{(z - 0)(4 - 2)}{(z - 2)(4 - 0)} \quad \text{から} \quad w = \frac{-z + 4}{z}$$

を得る.

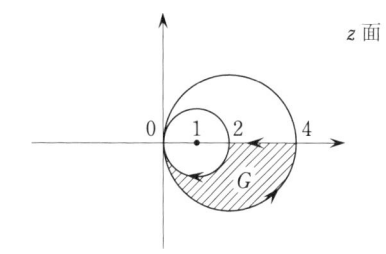

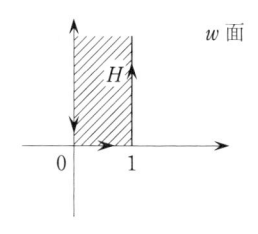

z 面 w 面

8. a) 5 と同様の方法で $z_i = 2, \dfrac{9}{2}$ $(i = 1, 2)$.

b)
z	z_1	z_2	a
w	0	∞	$f(a)$

$(a \in \boldsymbol{C})$ として 6 点公式から
$$f(z) = \frac{f(a)(z_2 - a)(z - z_1)}{(z_1 - a)(z - z_2)}.$$

c) b) の $f(z)$ に $a = 3, f(a) = 1$ を代入し，$z_1 = 2, z_2 = \dfrac{9}{2}$ とすれば

$$f(z) = \frac{(z_2 - 3)(z - z_1)}{(z_1 - 3)(z - z_2)}$$
$$= \frac{3z - 6}{-2z + 9}.$$

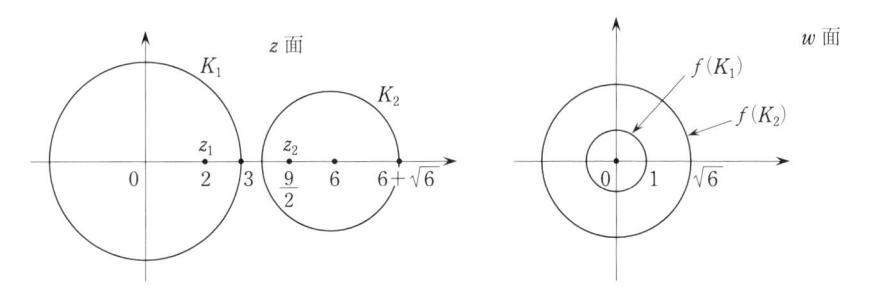

d) $\dfrac{z-z_1}{z-z_2} = re^{i\varphi}$ と置けば $z = \dfrac{4-9re^{i\varphi}}{2(1-re^{i\varphi})}$, $w = f(z) = \dfrac{3z-6}{-2z+9} = -\dfrac{3}{2}re^{i\varphi}$ である.

まず z 面で $\mathrm{Arg}\dfrac{z-z_1}{z-z_2} = \varphi =$ 定数 と表わされる曲線を考える. 上の結果により, これは w 面の原点から出る放射線に写像され, $f(K_1)$ と $f(K_2)$ に直交している. したがって, z 面での曲線は z_1, z_2 を結ぶ円弧である.

一方,
$$\left|\dfrac{z-z_1}{z-z_2}\right| = r = \text{定数}$$
で表わされる曲線は, w 面では原点中心の円に写像されるから, 原点から出る放射線と直交している. したがって z 面での曲線は z_1 と z_2 を結ぶ円弧に直交する円である.

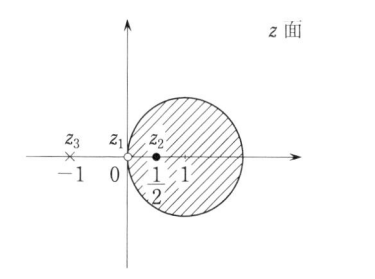

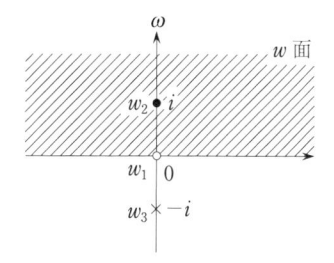

9.

z	0	$\dfrac{1}{2}$	$-1\left(=\left(\dfrac{1}{2}\right)^*\right)$
w	0	i	$-i(=i^*)$

から, $w = f(z) = \dfrac{3iz}{2-z}$.

Re $z = 0$ の像は, $w = u + iv$ と置けば,
$$u^2 + \left(v + \frac{3}{2}\right)^2 = \left(\frac{3}{2}\right)^2.$$

$0 < \operatorname{Im} w < 1$ の原像は, $z = x + iy$ と置けば,
$$(x-1)^2 + y^2 < 1 \text{ かつ } \left(x - \frac{5}{4}\right)^2 + y^2 > \left(\frac{3}{4}\right)^2.$$

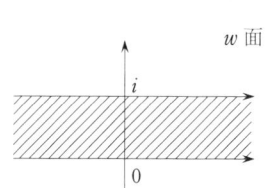

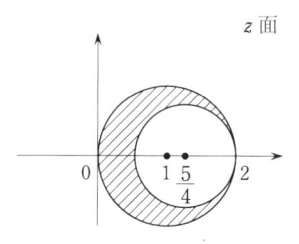

10. $w = i\dfrac{\eta - i}{\eta + i}$.

11. 6点公式により, $\xi = i\dfrac{-z+1}{z+1}$, $w = \dfrac{-\eta - 1}{\eta - 1}$. $\eta = \xi^2$ を代入すれば
$$w = \frac{2z}{z^2 + 1}.$$

12. まず $\xi = f(z)$ によりこの領域を ξ の第1象限に移し, 次に $\eta = \xi^2$ により上半平面に移す. さらに $w = g(\eta)$ により対応する点を一致させる. 6点公式により

z	i	$1+\sqrt{2}$	$-i$
ξ	0	1	∞
η	0	1	∞
w	-1	0	1

$$\xi = \frac{(1+\sqrt{2}+i)(z-i)}{(1+\sqrt{2}-i)(z+i)}, \quad w = \frac{\eta - 1}{\eta + 1}.$$

13. a) 等角写像 $w = f(z)$ で, z 面の円 K の左側を w 面の上半面に写像し, $f(z_1) = 0, f(z_2) = 1, f(z_3) = \infty$ を満たすものがただ1つ存在する:
$$f(z) = \frac{(z-z_1)(z_2-z_3)}{(z-z_3)(z_2-z_1)}.$$

この f によって $z = x + iy$ が上半面に写像されるためには $\operatorname{Im} f(z) > 0$ の条件が必要かつ十分である. $\operatorname{Im} f(z) > 0$ を具体的に計算すれば, 問題の中の行列式の不等式が導かれる.

b) $z = \dfrac{1}{w}$ ($w = u + iv$) を代入して行列式を変形すると, u, v について x, y についてと全く同じ形の不等式が導かれる.

第10章 §4

1. $\displaystyle\sum_{k=0}^{\infty}(1-z^2)^k$. 収束域は $|1-z^2| < 1$. そこでの和は $\dfrac{1}{z^2}$. $z=1$ では収束するが, $z=0$ では発散する.

$\displaystyle\sum_{k=0}^{\infty} z(1-z^2)^k$. 収束域は $|1-z^2|<1$. そこでの和は $\dfrac{1}{z}$ ($|1-z^2|<1$). 別に $z=0$ では収束して値は 0.

$\displaystyle\sum_{k=0}^{\infty}(4-z^2)^k$. 収束域は $|4-z^2|<1$. そこでの和は $\dfrac{1}{z^2-3}$. 別に $z=2$ では収束して値は 0.

$\displaystyle\sum_{k=0}^{\infty} z^2(1-z^2)^k$ のべき級数展開. $\displaystyle\sum_{k=0}^{\infty}(1-z^2)^k$ を「形式的」に z^2 のべきで展開しようとすると
$$1 + (1-z^2)^1 + (1-z^2)^2 + (1-z^2)^3 + (1-z^2)^4 + \cdots$$
$$= (1+1+1+\cdots) - (1+2+3+\cdots)z^2 + (1+3+6+\cdots)z^4$$
$$\quad - (1+5+15+\cdots)z^6 + \cdots$$
となって各係数が発散してしまうから, べき級数の形に書き表わすことはできない. もとの級数は z^2 が全体にかかっているから, $z=0$ での値は 0 と確定している.

2. $\dfrac{1}{4}\displaystyle\sum_{k=0}^{\infty}\left(\dfrac{i}{2}\right)^{k-1} z^k$. 収束域は $|z|<2$.

3. $\dfrac{\dfrac{k+1}{e^{(k+1)z}-1}}{\dfrac{k}{e^{kz}-1}} = \dfrac{\left(1+\dfrac{1}{k}\right)\left(1-\dfrac{1}{e^{kz}}\right)}{e^z - \dfrac{1}{e^{kz}}}$ と書ける.

$|e^z| = e^x$ であるから $e^x > 1$ を満たす領域が収束域である. すなわち $\operatorname{Re} z > 0$.

4. a) $z = \dfrac{1}{2}(t + t^{-1})$ から $t = z \pm \sqrt{z^2-1}$.

したがって $T_n(z) = \dfrac{1}{2}\{(z+\sqrt{z^2-1})^n + (z-\sqrt{z^2-1})^n\}$.

$T_1(z) = z$, $T_2(z) = 2z^2 - 1$, $T_3(z) = 4z^3 - 3z$, $T_4(z) = 8z^4 - 8z^2 + 1$.

b) $t = \xi + i\eta$ と置けば $z = \dfrac{1}{2}(t + t^{-1}) = \dfrac{1}{2}\left(\xi + i\eta + \dfrac{1}{\xi + i\eta}\right)$.

これから $\operatorname{Re} z = \dfrac{\xi}{2}(1 + |t|^{-2})$, $\operatorname{Im} z = \dfrac{\eta}{2}(1 - |t|^{-2})$. したがって

$$\dfrac{(\operatorname{Re} z)^2}{\xi^2} + \dfrac{(\operatorname{Im} z)^2}{\eta^2} = \dfrac{1}{2}\left(1 + \dfrac{1}{|t|^4}\right)$$

が成り立つ. $|t| \to 1$ の極限でこれは楕円 $\dfrac{(\operatorname{Re} z)^2}{\xi^2} + \dfrac{(\operatorname{Im} z)^2}{1 - \xi^2} = 1$ となる. $|t| \leqq 1$ ならば z はこの楕円の内部にある. その長軸の長さは $2\xi = 2\operatorname{Re} t$ である.

c) $\displaystyle\sum_{n=0}^{\infty} r^n T_n(z) = \sum_{n=0}^{\infty} r^n \dfrac{1}{2}(t^n + t^{-n}) = \dfrac{1}{2}\left\{\sum_{n=0}^{\infty}(rt)^n + \sum_{n=0}^{\infty}\left(\dfrac{r}{t}\right)^n\right\}$. $z \in E_r$ ならば $0 < r < |t| \leqq 1$ が成り立つから $|rt| < 1, |r/t| < 1$. したがって上の等比級数は収束する. すなわち

$$\sum_{n=0}^{\infty} r^n T_n(z) = \dfrac{1}{2}\left(\dfrac{1}{1 - rt} + \dfrac{1}{1 - \dfrac{r}{t}}\right) = \dfrac{1 - rz}{1 - 2rz + r^2}.$$

第10章 §5

1. z^3：すべての点で解析的.
$|z|^2, z\operatorname{Re} z$：点 $z = 0$ だけで微分可能.
$\arg z - i \ln|z| = -i \log z$：$z = 0$ を除いて解析的.

2. $\dfrac{dw}{dz} = 2z$. 回転角と伸縮率：$\operatorname{Arg}\dfrac{dw}{dz}$ と $\left|\dfrac{dw}{dz}\right|$；特に $z = 1$ で 2 と 0, $z = 1 + i$ で $2\sqrt{2}$ と $\dfrac{\pi}{4}$. $z = 1 + re^{i\varphi}$ とすれば $\left.\dfrac{dw}{dr}\right|_{r=0} = \left.\dfrac{d}{dr}(1 + re^{i\varphi})^2\right|_{r=0} = 2e^{i\varphi}$ であるから, $\operatorname{Arg}\left(\left.\dfrac{dw}{dr}\right|_{r=0}\right) = \varphi$. この結果を用いる.

3. 直角座標 (x, y) と極座標 (r, φ) の間の微分変換式

$$\begin{cases}\dfrac{\partial}{\partial x} = \dfrac{\partial r}{\partial x}\dfrac{\partial}{\partial r} + \dfrac{\partial \varphi}{\partial x}\dfrac{\partial}{\partial \varphi} = \cos\varphi\dfrac{\partial}{\partial r} - \dfrac{1}{r}\sin\varphi\dfrac{\partial}{\partial \varphi}, \\ \dfrac{\partial}{\partial y} = \dfrac{\partial r}{\partial y}\dfrac{\partial}{\partial r} + \dfrac{\partial \varphi}{\partial y}\dfrac{\partial}{\partial \varphi} = \sin\varphi\dfrac{\partial}{\partial r} + \dfrac{1}{r}\cos\varphi\dfrac{\partial}{\partial \varphi}\end{cases}$$

を使って CR 方程式を書き直す.

4. CR 方程式を使う.

5. f) ジューコフスキー写像は
$$\frac{w-1}{w+1} = \left(\frac{z-1}{z+1}\right)^2$$
とも書ける．$z = \pm 1$ を通る定円周上の点を $z = 1 + r_1 e^{i\varphi_1} = -1 + r_2 e^{i\varphi_2}$ と書くと，点 ± 1 から見た方向のなす角は $\arg \dfrac{z-1}{z+1} = \varphi_1 - \varphi_2$ で，同一円周上の点については一定である．一方，w 面での対応点については
$$\arg \frac{w-1}{w+1} = \arg \left(\frac{z-1}{z+1}\right)^2 = 2\varphi_1 - 2\varphi_2$$
であるから像曲線上で一定，したがってその曲線は 1 と -1 を結ぶ円弧である．

6. $f_1 = iz$．速度：$q_1 = \overline{(iz)'} = -i$，流線：$\mathrm{Im}\, f_1 = x = $ 定数．すなわち，$-y$ 方向に流速 1 の一様流．

$f_2 = i \log (z-1)$．
$q_2 = \overline{\left(\dfrac{i}{z-1}\right)} = \dfrac{1}{\rho} e^{i(\varphi - \frac{\pi}{2})}$ $(z = 1 + \rho\, e^{i\varphi})$．
$\mathrm{Im}\, f_2 = \ln \rho = $ 定数．すなわち点 $(1, 0)$ を中心とする時計回りの回転流，流速は $\dfrac{1}{\rho}$．

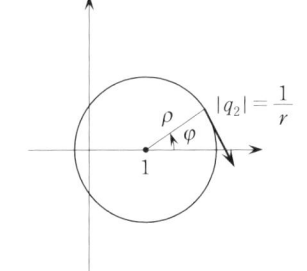

$f_1 + f_2$ のよどみ点：$f_1' + f_2' = i + \dfrac{i}{z-1} = 0$ から $z = 0$．

7. a) $f(z) = \dfrac{1}{2}\left(z + \dfrac{1}{z}\right)$．
流速：$q = \dfrac{1}{2}\left(1 - \dfrac{x^2 - y^2}{(x^2 + y^2)^2}\right) - i \dfrac{xy}{(x^2 + y^2)^2}$．よどみ点：$z = \pm 1$．
流線：$y\left(1 - \dfrac{1}{x^2 + y^2}\right) = $ 定数．

b) $F(z) = \dfrac{1}{2}\left(z + \dfrac{1}{z}\right) + ik \,\mathrm{Log}\, z$ $(k \geqq 0)$．
流速：$q = \left\{\dfrac{1}{2}\left(1 - \dfrac{x^2 - y^2}{(x^2 + y^2)^2}\right) + k \dfrac{y}{x^2 + y^2}\right\} - i \left\{\dfrac{xy}{(x^2 + y^2)^2} + k \dfrac{x}{x^2 + y^2}\right\}$．
流線：$y\left(1 - \dfrac{1}{x^2 + y^2}\right) + k \ln (x^2 + y^2) = $ 定数．

よどみ点：$\begin{cases} (\mathrm{i}) & 0 \leq k < 1 \text{ のとき } \pm\sqrt{1-k^2}-ik & |z|=1 \text{ 上に 2 個} \\ (\mathrm{ii}) & k=1 \quad \text{のとき } -i & |z|=1 \text{ 上に 1 個（重解）} \\ (\mathrm{iii}) & k>1 \quad \text{のとき } -i(k+\sqrt{k^2-1}) & |z|=1 \text{ の外側に 1 個} \end{cases}$

$\left(\begin{array}{l}\text{内側にも } F'(z)=0 \text{ となる点 } -i(k-\sqrt{k^2-1}) \text{ があるが，}\\ \text{円の外の流れとは関係がない．}\end{array}\right)$

上の流れは図159の流れと本質的には同じものである．ただ複素ポテンシャルの表式中の k の前の符号が逆なので，流線模様はさかさになっている．

c） $k=0$ の場合を考えている．翼形 J の上のよどみ点は $\dfrac{dG}{dw}=\dfrac{dF}{dz}\dfrac{dz}{dt}\dfrac{dt}{dw}=0$ から定まる．

$$\frac{dz}{dt}=1.3, \quad \frac{dt}{dw}=\frac{2}{1-\dfrac{1}{t^2}}$$

であるから，$\dfrac{dG}{dw}=0$ となるのは $\dfrac{dF}{dz}=0$（z 面の流れのよどみ点）すなわち $z=\pm 1$ に対応する点である．左側のよどみ点 $z=z_1=-1$ に対応するのは

$$t_1=\frac{-3+i}{2}, \quad w_1=\frac{-21+3i}{20}.$$

右側のよどみ点 $z_2=1$ に対応するのは

$$t_2=\frac{11+5i}{10}, \quad w_2=\frac{1353+115i}{1460}.$$

d） 循環 k が存在するときには，$0<k<1$ ならば右側のよどみ点は $z=z_\mathrm{s}=\sqrt{1-k^2}-ik$ である（b）参照）．対応する t は

$$t=t_\mathrm{s}=(-0.2+0.5i)+1.3z_\mathrm{s}=(-0.2+1.3\sqrt{1-k^2})+i(0.5-1.3k).$$

$t_\mathrm{s}=1$ ならば対応する w は $w_\mathrm{s}=1$ となって翼形 J の右縁が w 面でのよどみ点となる．そのためには $k=k_0=\dfrac{5}{13}$ でなければならない．

e） d）用の図で，w 面の流線が正しく描いてあることを認めた上での推論ならば次のようになる．

J から十分離れた一様流では等間隔であった流線の間隔が，J の近くに来ると上面側のほうが下面側より狭くなっている．これは上面側のほうが下面側より流速が大きいことを示している．それゆえベルヌーイの定理により，圧力は下面側のほうが大きい．したがって J には上向きの力が働いている．

練習問題の略解　161

8. a) $f'(z) = \dfrac{\pi^2}{z^2 \sinh^2\left(\dfrac{\pi}{z}\right)}$, $\overline{f'(2i)} = \dfrac{\pi^2}{4}$, $\lim\limits_{x \to \infty} f'(x+i0) = 1$,

$\lim\limits_{z \to \infty} \overline{f'(z)} = 1$.

b) 省略.

9. a) $\zeta = \xi + i\eta = \sinh\dfrac{z}{2} = \sinh\left(\dfrac{x}{2} + i\dfrac{y}{2}\right)$

$= \sinh\dfrac{x}{2}\cos\dfrac{y}{2} + i\cosh\dfrac{x}{2}\sin\dfrac{y}{2}$.

z 面上の線分 $x = a > 0$, $0 < y < \pi$ を考える. $\xi = \sinh\dfrac{a}{2}\cos\dfrac{y}{2}$, $\eta = \cosh\dfrac{a}{2}\sin\dfrac{y}{2}$, すなわち

$$\dfrac{\xi^2}{\left(\sinh\dfrac{a}{2}\right)^2} + \dfrac{\eta^2}{\left(\cosh\dfrac{a}{2}\right)^2} = 1$$

であるから，この線分は ζ 面では楕円周の第 I 象限にある部分に対応する ($a < 0$ の場合は同じ楕円の第 II 象限部分).

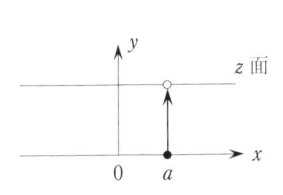

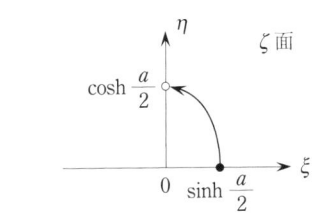

特に $y = \pi$ とすれば $\xi = 0$, $\eta = i\cosh\dfrac{a}{2}$ $\left(\text{偏角}\dfrac{\pi}{2}\text{の点}\right)$ である．また，z 面の実軸 $y = 0$ は $w = F(z) = \text{Log}\left(\sinh\dfrac{z}{2}\right)$ の面の実軸に写像される.

以上をまとめると，z 面の帯状域 $0 \leqq \text{Im}\, z \leqq \pi$ は $F(z)$ によって w 面上の帯状域 $0 \leqq \text{Im}\, w \leqq \dfrac{\pi}{2}$ に写像される．

b) よどみ点は

$$\frac{dF}{dz} = \frac{\cosh\dfrac{z}{2}}{2\sinh\dfrac{z}{2}} = \frac{1}{2}\frac{e^z+1}{e^z-1} = 0$$

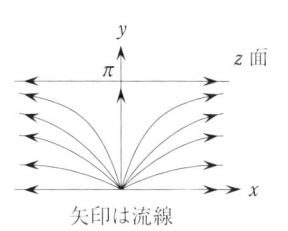

から $z = e^{i\pi}$.

矢印は流線

c) よどみ点は $\dfrac{d}{dz}(z + F(z)) = 0$ から $e^z = \dfrac{1}{3}$, すなわち $z = -\ln 3$.

b) の図に右向きの一様流を重ねたものが本文問 9 用の図である.

10. $\bar{F} = F$ は明らか. $F = 2\,\mathrm{Re}\,(\bar{z}f(z) + g(z)) = 2(xu + yv + s)$ ($f = u + iv$, $g = s + it$) であるから, 右辺を x, y で偏微分し, CR 方程式を用いて変形すればよい.

第10章 §6

1. a) $z = (1+i)t$ と置く. $\dfrac{1}{2}(1+i)$.

b) $z = i + e^{it}$ と置く. $\dfrac{1}{2} + \dfrac{1}{4}\pi i$.

2. a) $2\pi i$.

b) $6\pi i$.

3. 平方根は主分枝をとることにする. $z = e^{i\varphi}$, $\sqrt{z} = e^{i\frac{\varphi}{2}}$ として

上半周の積分: $\displaystyle\int_{\varphi=\pi}^{\varphi=0} = 2(1-i)$. 下半周の積分: $\displaystyle\int_{\varphi=\pi}^{\varphi=0} = 2(1+i)$.

4. a) $\dfrac{1}{2}\{e(e^i - 1) - e^{-1}(e^{-i} - 1)\}$.

b) $-\dfrac{\pi^2}{2}$.

5. a) 0.

b) $-\pi i$.

c) 0.

6. 0. $\left(\dfrac{1}{1-z^2} = \dfrac{1}{2}\left(\dfrac{1}{1-z} + \dfrac{1}{1+z}\right)\right.$ である. $\left.\right)$

7. $\dfrac{2}{5}\pi$.

練習問題の略解 163

8. a) $\sin t^2$.
   b) $0 \ (0 < r < 2), \ -2\pi i \ (2 < r < 3), \ 0 \ (r > 3)$.
   c) $0, 0, \pi, -\pi$.

9. $\zeta = C_1(t) \cdot C_2(t)$ と置けば
$$n_C(0) = \frac{1}{2\pi i}\int_C \frac{d\zeta}{\zeta} = \frac{1}{2\pi i}\int_{C_1 \cdot C_2} \frac{1}{\zeta}\frac{d\zeta}{dt}dt = \frac{1}{2\pi i}\int_a^b \frac{C_1'(t)C_2(t) + C_1(t)C_2'(t)}{C_1(t)C_2(t)}dt$$
$$= \frac{1}{2\pi i}\left\{\int_a^b \frac{C_1'(t)}{C_1(t)}dt + \int_a^b \frac{C_2'(t)}{C_2(t)}dt\right\} = \frac{1}{2\pi i}\int_{C_1}\frac{d\zeta_1}{\zeta_1} + \frac{1}{2\pi i}\int_{C_2}\frac{d\zeta_2}{\zeta_2}$$
$$= n_{C_1}(0) + n_{C_2}(0). \ (証明終)$$
$C_1(t) = C_2(t) = \dfrac{e^{it} + 3}{e^{it}} \ (0 \leqq t \leqq 2\pi)$ とすれば $C(t) = C_1(t) \cdot C_2(t)$ である.
$\dfrac{e^{it} + 3}{e^{it}} = 1 + 3e^{-it}$ と書けるから, $C_1^{(t)} = C_2^{(t)}$ は中心が 1 で半径 3 の円周を時計向きに回る閉曲線である. $z = 0$ はその内部にあるから
$$n_{C_1}(0) = n_{C_2}(0) = \frac{1}{2\pi i}\int_{C_1}\frac{d\zeta}{\zeta} = -1,$$
ゆえに $n_C(0) = -2$. $z = -10$ は外部にあるから $n_{C_1}(-10) = n_{C_2}(-10) = 0$, ゆえに $n_C(-10) = 0$.

10. $\dfrac{e^{z^2}}{z^2(z+10)} = \dfrac{e^{z^2}}{10z^2} - \dfrac{e^{z^2}}{100z} + \dfrac{e^{z^2}}{100(z+10)} = 0 - \dfrac{1}{100}2\pi i \cdot e^0 \cdot 2 + 0$
$$= -\frac{1}{25}\pi i.$$

第10章 §7

1. $i\pi(a+2)e^a$.

2. a) $\dfrac{e^z}{z^2(z^2+2z+2)} = \dfrac{1}{2}e^z\left(\dfrac{1}{z^2} - \dfrac{1}{z}\right) + \dfrac{1}{4}\dfrac{e^z}{z+(1-i)}$
$$+ \frac{1}{4}\frac{e^z}{z+(1+i)}.$$
$e^z\left(\dfrac{1}{z^2} - \dfrac{1}{z}\right) = (1 + z + \cdots)\dfrac{1}{z^2}(1-z) = \dfrac{1}{z^2} + O(1)$ であるから第 1 項の積分は 0. したがって積分の値は $2\pi i\left(\dfrac{1}{4}e^{-1+i} + \dfrac{1}{4}e^{-1-i}\right) = i\dfrac{\pi}{e}\cos 1$.

b) $|z|=2$ の上で $\sum_{n=2}^{\infty} nz^{-n}$ は絶対収束するから積分と和の順序を交換することができる. そこで $\oint_{|z|=2} \sum_{n=2}^{\infty} nz^{-n} dz = \sum_{n=2}^{\infty} \oint_{|z|=2} nz^{-n} dz = 0.$

3. a) $f(z) = \sum_{n=0}^{\infty} i^{n-1}(z+i)^n.$

b) $f^{(n)}(z) = \dfrac{(-1)^n (n+1)!\, 3^n}{(2+3z)^{2+n}}$ であるから
$$f(z) = \sum_{n=0}^{\infty} \frac{f^{(n)}(0)}{n!} z^n = \sum_{n=0}^{\infty} (-1)^n (n+1) \frac{3^n}{2^{n+2}} z^n.$$

収束域は原点中心, 半径 $\dfrac{2}{3}$ の円内.

c) $\cdot 1 + \dfrac{1}{2} z^2 + \dfrac{5}{24} z^4 + O(z^6).$

4. a) 分母の零点を α, β とすると $\alpha = \dfrac{-1+\sqrt{3}i}{2} = e^{i\frac{2}{3}\pi},\; \beta = \dfrac{-1-\sqrt{3}i}{2} = e^{-i\frac{2}{3}\pi}$. 収束半径は 1.

b) $c_0 = 1,\; c_1 = -1,\; c_2 = 0.$

c) $c_0 = 1,\; c_1 + c_0 = 0,\; c_{n+2} + c_{n+1} + c_n = 0 \quad (n=0,1,2,\cdots).$

d) $c_n = \dfrac{1}{n!} f^{(n)}(0) = \dfrac{1}{2\pi i} \oint_{|\zeta|=r} \dfrac{f(\zeta)}{\zeta^{n+1}} d\zeta.$

e)
$$\frac{1}{1+z+z^2} = \frac{1}{\alpha - \beta} \left(\frac{1}{\beta - z} - \frac{1}{\alpha - z} \right)$$
$$= \frac{1}{\alpha - \beta} \left\{ \frac{1}{\beta} \sum_{n=0}^{\infty} \left(\frac{z}{\beta} \right)^n - \frac{1}{\alpha} \sum_{n=0}^{\infty} \left(\frac{z}{\alpha} \right)^n \right\}$$
$$= \sum_{n=0}^{\infty} \frac{1}{\alpha - \beta} \left(\frac{1}{\beta^{n+1}} - \frac{1}{\alpha^{n+1}} \right) z^n$$

したがって, $c_n = \dfrac{1}{\alpha - \beta} \left(\dfrac{1}{\beta^{n+1}} - \dfrac{1}{\alpha^{n+1}} \right) = \dfrac{\sin\left\{(n+1)\dfrac{2}{3}\pi\right\}}{\sin\dfrac{2}{3}\pi}$

$$= \frac{2}{\sqrt{3}} \sin\left\{(n+1)\frac{2}{3}\pi\right\}.$$

これから $c_0 = 1, c_1 = -1, c_2 = 0$. c_3 から先は $1, -1, 0$ をくり返す.

5. $f(z) = \dfrac{1}{z^2 - 3z} = -\dfrac{1}{3z} + \dfrac{1}{3(z-3)}$ の右辺の各項をテイラー級数に展開した上でまとめる.

　a) $\displaystyle\sum_{n=0}^{\infty}\left\{-\dfrac{1}{3}(-1)^n - \dfrac{1}{6}\left(\dfrac{1}{2}\right)^n\right\}(z-1)^n$. $|z-1| < 1$ の円内で収束.

　b) $\displaystyle\sum_{n=0}^{\infty}\left\{-\dfrac{1}{3}i^{n+1} - \dfrac{1}{3}\left(\dfrac{1}{3-i}\right)^{n+1}\right\}(z-i)^n$. $|z-i| < 1$ の円内で収束.

6. 点 $a(\neq 0)$ では $\log z$ は正則であるから，a を中心とする（$z-a$ による）べき級数が存在する：
$\log z = \log(a + (z-a))$
$\quad = \log a + \dfrac{1}{a}(z-a) - \dfrac{1}{2a^2}(z-a)^2 + \cdots + (-1)^{n-1}\dfrac{1}{na^n}(z-a)^n + \cdots$.

この級数は $|z-a| < |a|$ で絶対収束する．すなわち，原点にどれだけ近い点に対しても，その点の十分近くで成り立つ級数は存在する．ただし対数関数は多価であるから，適当な分枝を選んだ上でのことである．

関数 $\sqrt{z} = \sqrt{a + (z-a)} = \sqrt{a}\left(1 + \dfrac{z-a}{a}\right)^{\frac{1}{2}}$ についても同様.

7. $\dfrac{1}{z^2 - 1}$ を部分分数に分解してから積分する．

8.　a) 0.

　b) 0.（定理 7.2 の例 4 参照.）

9. 0 に最も近い特異点までの距離.

　a) $\dfrac{\pi}{2}$.

　b) $\dfrac{\pi}{4}$.

　c) 1.

10. 収束半径：π. なお，ベルヌーイ数 B_n ($n = 0, 1, 2, \cdots$) については，第 5 章 4.3 または第 10 章 §9 の練習問題 11 を参照のこと.

11.　a) $\dfrac{d}{dz}L(z) = \displaystyle\int_0^1 \dfrac{dt}{\{1 + t(z-1)\}^2}$ の形から $L(z)$ は G で解析的である．z が正の実数 x のとき積分を実行すれば $L(x) = \Big[\ln|1 + t(x-1)|\Big]_0^1 = \ln x$.

b) $\zeta = 1 + t(z-1)$ と置けば $L(z) = \int_1^z \frac{z-1}{\zeta}\frac{d\zeta}{z-1} = \int_1^z \frac{d\zeta}{\zeta}$.

1 と z を結ぶ積分路 C として特に 1 から $|z|$ への実軸上の線分 C_1 と $|z|$ から z への円弧 C_2 をつなげたものとすれば（図171参照）

$$\int_C \frac{d\zeta}{\zeta} = \int_{C_1} \frac{d\zeta}{\zeta} + \int_{C_2} \frac{d\zeta}{\zeta} = \ln|z| + i \operatorname{Arg} z.$$

c) $L(z) = \int_0^1 \sum_{n=0}^{\infty} (-1)^n (z-1)^{n+1} t^n\, dt = \sum_{n=1}^{\infty} (-1)^{n-1} \frac{(z-1)^n}{n}$.

収束半径は 1.

12. a) $\dfrac{d}{dz}A(z) = \int_0^1 \dfrac{1 - z^2 t^2}{(t + z^2 t^2)^2}\, dt$ の形から $A(z)$ は G で解析的．実軸では $t = \dfrac{1}{x}\tan\theta$ と置いて積分すれば $A(z) = \Big[\theta\Big]_0^{\operatorname{Arctan} x} = \operatorname{Arctan} x$.

b) 虚軸上にあって $|z| \geqq 1$ である点 z については積分が発散するから，G の外まで拡張することはできない．

13. a) $f_n(z)$ の積分表示をルジャンドルの微分方程式の左辺に代入して計算すれば

$$(z^2 - 1) f_n'' + 2z f_n' - n(n+1) f_n$$
$$= \int_C \frac{\{nw^2 - 2(n+1)wz + (n+2)\}(w^2-1)^n}{(w-z)^{n+3}}\, dw.$$

右辺は $\displaystyle\int_C \frac{\partial}{\partial w}\left\{\frac{(w^2-1)^{n+1}}{(w-z)^{n+2}}\right\} dw = \left[\frac{(w^2-1)^{n+1}}{(w-z)^{n+2}}\right]_C$.

$\Big[\ \ \Big]_C$ の中の関数は1価であるから，C が閉曲線ならば 0 となる．また C の端点が -1 と 1 ならば分子にある $(w^2-1)^{n+1}$ のため 0 となる．

b) 部分積分をくり返す：

$$f_n(z) = \frac{1}{2^n}\oint_C \frac{(w^2-1)^n}{(w-z)^{n+1}}\, dw = \frac{1}{2^n}\frac{1}{n}\oint_C \frac{d}{dw}\{(w^2-1)^n\}(w-z)^{-n}\, dw$$
$$= \cdots = \frac{1}{2^n}\frac{1}{n!}\oint_C \frac{d^n}{dw^n}\{(w^2-1)^n\}(w-z)^{-1}\, dw = \frac{1}{2^n}\frac{1}{n!}2\pi i\frac{d^n}{dz^n}\{(z^2-1)^n\}.$$

c) $f_n(z) = \dfrac{1}{2^n n!}\displaystyle\int_{-1}^1 \frac{d^n}{dw^n}\{(w^2-1)^n\}(w-z)^{-1}\, dw.$

w を t に書きかえれば，これは

$$-\int_{-1}^{1} \frac{\dfrac{1}{2^n n!}\dfrac{d^n}{dt^n}(t^2-1)^n}{z-t} = -\int_{-1}^{1}\frac{P_n(t)}{z-t}dt.$$

14. 定理 7.4 参照.

15. a) $|z|=1$ の上で最大値をとるから, $z=e^{i\theta}$ と置けば $|1+z^2| = |1+e^{2i\theta}| \leqq 2$. $z=1,-1$; 最大値 $=2$.

b) $|\sin z|^2 = |\sin x\cosh y + i\cos x\sinh y|^2 = \sin^2 x + \sinh^2 y$ は $|z|=r$ の上で最大値をとるから, $\sqrt{\sin^2 x + \sinh^2\sqrt{r^2-x^2}}$ の最大値を求めればよい. $z=\pm ir$; 最大値 $=\sinh r$.

第10章 §8

1. a) $-2xy + e^x\cos y + i(x^2 - y^2 + e^x\sin y + c) = iz^2 + e^z + ic$
$$(c\in\boldsymbol{R}).$$

b) $z^2 + (5-i)z - \dfrac{i}{z} + ic \quad (c\in\boldsymbol{R})$.

c) $z + \dfrac{i}{z} + ic \quad (c\in\boldsymbol{R})$.

d) $2\log z + (1+2i)z + ic \quad (c\in\boldsymbol{R})$.

2. a) $2u\left(\dfrac{z}{2}, \dfrac{z}{2i}\right) = iz^2 + e^z + 1$.

$\mathrm{Re}\,(2u) = -2xy + e^x\cos y + 1$ (定数 1 だけの差が出ている).

b) $x^2+y^2=0$ の位置で対数が意味をもたないから.

c) $f(z) = 2u\left(\dfrac{z-z_0}{2}, \dfrac{z-z_0}{2i}\right)$ から

$$f'(z) = 2\left(u_x\cdot\frac{1}{2} + u_y\cdot\frac{1}{2i}\right) = u_x - iu_y.$$

一方, 実部が $u(x,y)$ で与えられる複素ポテンシャルを
$$g(x+iy) = u(x,y) + iv(x,y)$$
と置けば, $g'(z) = u_x + iv_x = u_x - iu_y = f'(z)$. すなわち $f(z) = g(z) + c$ $(c\in\boldsymbol{C})$ と書ける.

3. a) $x^2+y^2=s$ と置けば $u=h(s)$. ラプラス方程式は
$$u_{xx} + u_{yy} = 4(sh'' + h') = 0.$$
これを解けば $h(s) = a\ln s + b$ が得られる. $s=0$ でも微分方程式が成立していなくてはならないから $a=0$. したがって $h(s) =$ 定数 が解である.

(最大値原理を使えば解が定数になることは明らかである．)

b) $x^2 + y^2 + z^2 = s$ と置けば $h(s) = as^{-\frac{1}{2}} + b, a = 0$.

4. a) 省略．

b) $u_1 = 0$ （Ⅰ），0 （Ⅱ），0 （Ⅲ），$\sinh \pi \sin x$ （Ⅳ）．
$u_2 = 0$ （Ⅰ），0 （Ⅱ），$\sinh \pi \sin y$ （Ⅲ），0 （Ⅳ）．

c) $u(x,y) = \dfrac{1}{\sinh \pi}(u_1(x,y) - u_2(x,y))$.

5. a) 省略．

b) $u(r,\varphi) = \dfrac{r^5}{R^5}\sin 5\varphi - 3\dfrac{r^8}{R^8}\cos 8\varphi$.

6. 問6用の図に従って写像すれば

$$z \to \zeta = \frac{\pi}{2}(2iz+1) \to w = \sin \zeta.$$

合成すれば

$$w = \cosh \pi z = \cosh \pi x \cos \pi y + i \sinh \pi x \sin \pi y = u + iv.$$

例3の結果を使えば

$$T(x,y) = \frac{T_0}{\pi}\{\mathrm{Arg}\,(w-1) - \mathrm{Arg}\,(w+1)\} = \frac{T_0}{\pi}\left(\mathrm{arccot}\frac{u-1}{v} - \mathrm{arccot}\frac{u+1}{v}\right).$$

T_0 が定数でなくて y の関数である場合には，ポアソンの積分公式(6)を使わなくてはならない．

7. $z \to Z = z + \sqrt{15}i \to \zeta = \dfrac{1}{Z} \to w = \zeta + \dfrac{i}{2\sqrt{15}}$ を合成すると，

$$w = f(z) = \frac{1}{z+\sqrt{15}i} + \frac{i}{2\sqrt{15}}.$$

$f(z)$ はもとの領域を原点共心の円環領域に写像する．（$Z = z + ai$ と置いてみると，共心の円環になるための条件 $\dfrac{1}{a} - \dfrac{1}{3+a} = \dfrac{1}{5+a}$ から $a = \sqrt{15}$ が出る．）境界条件は，w 面では内円周で 1，外円周で 0 であるから，問3の結果を参考にすれば

$$\varPsi(w) = A\ln(|w|^2) + B, \quad \text{ただし } A = \frac{1}{\ln(31-8\sqrt{15})}, B = \frac{\ln 60}{\ln(31-8\sqrt{15})}.$$

したがって，$u(x,y) = \varPsi(f(z)) = \dfrac{1}{\ln(3-8\sqrt{15})}\ln\left(\dfrac{x^2+(y-\sqrt{15})^2}{x^2+(y+\sqrt{15})^2}\right)$.

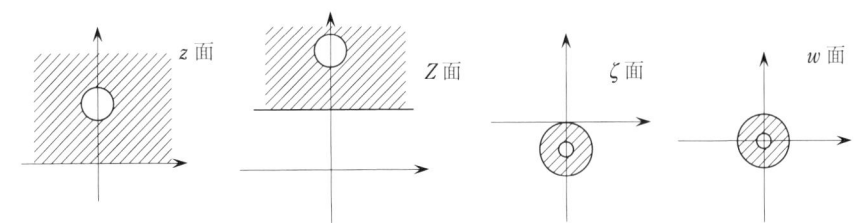

8. 写像
$$z = \frac{a+b}{2}w + \frac{a-b}{2}\frac{1}{w} \quad \left(w = \frac{z+\sqrt{z^2-(a^2-b^2)}}{a+b}\right)$$

によって，w 面における原点中心，半径 1 の円と半径 $\sqrt{\dfrac{a-b}{a+b}}$ の円が z 面の楕円 E と線分 S に移る．w 面でのポテンシャル問題の解は

$$\Psi = A\ln(|w|^2) + B \quad \left(\text{ただし } B = u_1, A = (u_2-u_1)/\ln\left(\frac{a-b}{a+b}\right)\right)$$

と書けるから，これを z 面にもどせばよい．

9. 写像 $Z = \dfrac{1}{z}$, $\zeta = i\dfrac{\pi}{2}a\left(Z+\dfrac{1}{a}\right)$, $w = e^\zeta$ を重ねて

$$w = \exp\left\{i\frac{\pi}{2}a\left(\frac{1}{z}+\frac{1}{a}\right)\right\}.$$

解は $\Psi = \dfrac{1}{2}\left(1+\dfrac{1}{\pi}\operatorname{Arg} w\right)$.

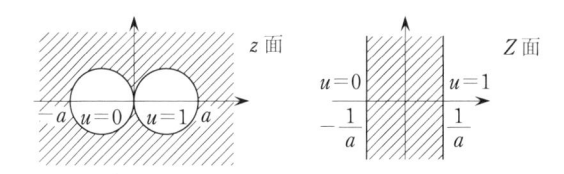

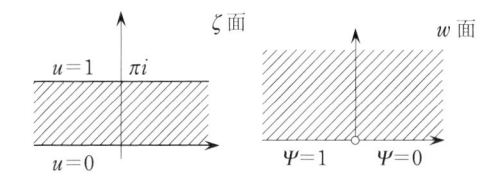

10. 写像 $\zeta_1 = e^z$, $\zeta_2 = \dfrac{i}{\zeta_1}$, $\zeta_3 = 1 + \zeta_2^2$, $w = \sqrt{\zeta_3}$ を重ねて $w = \sqrt{1 - e^{-2z}}$.

解は $\Psi = 2 - \dfrac{2}{\pi} \operatorname{Arg}(w-1) + \dfrac{1}{\pi} \operatorname{Arg}(w+1)$.

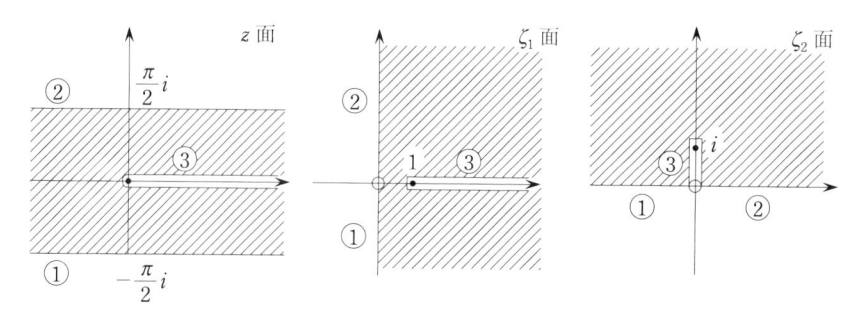

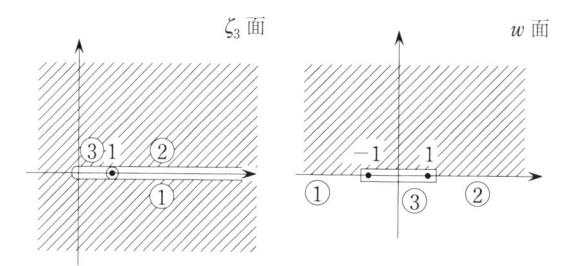

11. a) 写像

$$\zeta_1 = \frac{z-1}{z+1}, \quad \zeta_2 = \zeta_1^{2/3}, \quad \zeta_3 = \frac{1}{\zeta_2 - 1}, \quad w = -\left(\sqrt{3}\,\zeta_3 + \frac{\sqrt{3}}{2} + \frac{1}{2}i\right)$$

を重ねる．ζ_1 から ζ_2 への写像の際には，$\zeta_1^{2/3}$ の切れ目は半直線 $re^{i\varphi_0}$ ($r \geqq 0$, φ_0 は $\dfrac{\pi}{2} \leqq \varphi_0 \leqq \pi$ を満たす定数)．

b) $w = \pm 1$ に対応する 2 点は $z = \pm \dfrac{5\sqrt{3}}{9} + \dfrac{\sqrt{6}}{9}i$.

c) $f'(e^{-i\frac{\pi}{6}}) = 0$ から $k = v$. このとき $f'(e^{-i\frac{5}{6}\pi}) = 0$ も満たされる．

d) 循環 $\Gamma = \operatorname{Re} \oint f'(w)dw = -2\pi k$ (中辺の周回積分の値は z 面で行なったものと等しい．なぜか．) であるから，揚力は $F = i\rho v \Gamma = i2\pi \rho v^2$.

12. a) 方程式 $(*)$ の右辺から左辺を引けば

$$\{u(E) - 2u(P) + u(W)\} + \{u(N) - 2u(P) + u(S)\} \fallingdotseq h^2 (u_{xx} + u_{yy})(P) = 0.$$

b) $\begin{cases} 4u(i,j) = u(i+1,j) + u(i-1,j) + u(i,j+1) + u(i,j-1) \\ \qquad\qquad\qquad\qquad (1 \leqq i \leqq 9, 1 \leqq j \leqq 9), \quad (*) \\ u(i,0) = u(0,j) = 0 \quad (1 \leqq i \leqq 9, 1 \leqq j \leqq 9), \\ u(10,j) = -\sin\left(\dfrac{\pi}{10}j\right) \quad (1 \leqq j \leqq 9), \\ u(i,10) = \sin\left(\dfrac{\pi}{10}i\right) \quad (1 \leqq i \leqq 9). \end{cases}$

c) 省略.

第10章 §9

1. $\sum_{n=0}^{\infty} \dfrac{(n+1)(-2i)^n}{z^{n+2}}$.

$\left(|z|<1 \text{のとき} \dfrac{1}{1-z} = \sum_{n=0}^{\infty} z^n, \dfrac{1}{(1-z)^2} = -\dfrac{d}{dz}\left(\dfrac{1}{1-z}\right) = -\sum_{n=0}^{\infty}(n+1)z^n \text{に注意.}\right)$

2. a) $1<|z|<2$ では $-\sum_{n=1}^{\infty}\dfrac{1}{z^n} - \sum_{n=0}^{\infty}\dfrac{z^n}{2^{n+1}}$. $2<|z|$ では $\sum_{n=1}^{\infty}(2^{n-1}-1)\dfrac{1}{z^n}$.

b) $\sum_{n=0}^{\infty} \dfrac{(-1)^n}{(2n+1)!} z^{2n-2}$; 収束域: $z \neq 0$.

c) $\sum_{n=0}^{\infty}\dfrac{(-1)^n}{(2n)!}\dfrac{1}{(z-\pi)^{2n-1}} + \sum_{n=0}^{\infty}\dfrac{(-1)^n(\pi+i)}{(2n)!}\dfrac{1}{(z-\pi)^{2n}}$; 収束域: $z \neq \pi$.

3. $f(z)$ を部分分数に分解すれば, $f(z) = P(z) + Q(z) + R(z)$, $P(z) = -\dfrac{1}{z}$, $Q(z) = \dfrac{1}{z-i}$, $R(z) = \dfrac{1}{(z-i)^2}$ と書ける. またローラン展開の成り立つ領域を I ($|z+i|<1$), II ($1<|z+i|<2$), III ($2<|z+i|$) と番号をつける.

領域 I では $P_{\text{I}} = \sum_{n=0}^{\infty}\dfrac{(z+i)^n}{i^{n+1}}$, $Q_{\text{I}} = -\sum_{n=0}^{\infty}\dfrac{(z+i)^n}{(2i)^{n+1}}$, $R_{\text{I}} = \sum_{n=0}^{\infty}\dfrac{n+1}{(2i)^{n+2}}(z+i)^n$.

領域 II では $P_{\text{II}} = -\sum_{n=0}^{\infty}\dfrac{i^n}{(z+i)^{n+1}}$, $Q_{\text{II}} = Q_{\text{I}}, R_{\text{II}} = R_{\text{I}}$.

領域 III では $P_{\text{III}} = P_{\text{II}}, Q_{\text{III}} = \sum_{n=0}^{\infty}\dfrac{(2i)^n}{(z+i)^{n+1}}, R_{\text{III}} = \sum_{n=0}^{\infty}\dfrac{(n+1)(2i)^n}{(z+i)^{n+2}}$.

4. a) $\sinh\dfrac{1}{z} = \dfrac{1}{2}(e^{\frac{1}{z}} - e^{-\frac{1}{z}}) = \sum_{n=0}^{\infty}\dfrac{1}{(2n+1)!}\dfrac{1}{z^{2n+1}}$.

b) $\dfrac{1}{\sinh z} = \dfrac{1}{z + \dfrac{z^3}{3!} + \dfrac{z^5}{5!} + \cdots} = \dfrac{1}{z} + a_0 + a_1 z + a_2 z^2 + \cdots$

と置いて分母を払い，係数を求めていく．a_n (n：偶数) はすべて 0 となる．a_n (n：奇数) は $a_1 = -\dfrac{1}{3!}, a_3 = -\dfrac{1}{5!} - \dfrac{a_1}{3!}, a_5 = -\dfrac{1}{7!} - \dfrac{a_1}{5!} - \dfrac{a_3}{3!}, \cdots$ から定まる．

5. a) -2 (1 位の極)．

b) $\pm \dfrac{1+i}{\sqrt{2}}$ (1 位の極)．

c) 0 (1 位の極)．1 (3 位の極)，∞ (真性)．

d) 0 (真性)．

e) $0, 3i, -3i, \infty$ (すべて 1 位の極)．

f) $i/n\pi$ ($n \in \mathbf{Z}, n \neq 0$) (1 位の極)，$\infty$ (1 位の極)，0 (真性)．

g) $n\pi$ ($n \in \mathbf{Z}$) (2 位の極)．

h) 0 ($f(0)=1$ と定めれば除去可能)，$n\pi$ ($n \in \mathbf{Z}, n \neq 0$) (1 位の極)，$\infty$ (真性)．

i) 0 (1 位の極)，1 (真性)

j) $\pm 1, \pm i$ (すべて 1 位の極)．

6. $f_1 \pm f_2$：n 位の極．$f_1 \cdot f_2$：$k > n$ ならば $(k-n)$ 重の零点，$k = n$ ならば除去可能な特異点，$k < n$ ならば $(n-k)$ 位の極．f_2/f_1：$(n+k)$ 位の極．

7. a) $t = \pm \sqrt{1 - \left(\dfrac{\pi}{4}\right)^2}$．

b) 0 (2 位の極)，$\dfrac{\pi}{2}$ (除去可能)，$z = n\pi$ ($n \in \mathbf{Z}, n \neq 0$) (1 位の極)．

c) 収束領域：$0 < |z| < \dfrac{\pi}{2}$．主要部：$-\dfrac{2}{\pi}\dfrac{1}{z^2} - \left(\dfrac{2}{\pi}\right)^2 \dfrac{1}{z}$．

8. $\dfrac{w(z)}{z} = \dfrac{\sqrt{z}+2}{z(z-4)} = \dfrac{1}{4}\left(\dfrac{1}{z-4} - \dfrac{1}{z}\right)(\sqrt{z}+2)$

$\phantom{\dfrac{w(z)}{z}} = \dfrac{1}{4}\left(\dfrac{1}{z-4} - \sum_{n=0}^{\infty} \dfrac{(-1)^n}{4^{n+1}}(z-4)^n\right)\left(4 + \dfrac{z-4}{4} - \dfrac{(z-4)^2}{64} + \cdots\right)$

$\phantom{\dfrac{w(z)}{z}} = \dfrac{1}{z-4} - \dfrac{3}{16} + \dfrac{11}{256}(z-4) + \cdots$

$z = 4$ は 1 位の極，収束領域は $0 < |z-4| < 4$．

9. 省略.

10. a) $z = 0, \infty$ (真性特異点).
 b) $J_{-n}(x) = (-1)^n J_n(x)$ $(n \in \mathbf{N})$ に注意.
 c) 省略.

11. a) $\cot z = \dfrac{\cos z}{\sin z} = i\dfrac{e^{iz} + e^{-iz}}{e^{iz} - e^{-iz}} = i + \dfrac{2i}{e^{2iz} - 1} = i + \dfrac{1}{z}f(2iz)$
$= i + \dfrac{1}{z}\displaystyle\sum_{k=0}^{\infty}\dfrac{B_k}{k!}(2iz)^k.$

ベルヌーイ数が $B_3 = B_5 = \cdots = B_{2k+1} = \cdots = 0$ であることを考慮して書き直せば問の中の表式が得られる.

b) $\cot\dfrac{z}{2} - \cot z = \dfrac{\cos\dfrac{z}{2}}{\sin\dfrac{z}{2}} - \dfrac{\cos^2\dfrac{z}{2} - \sin^2\dfrac{z}{2}}{2\sin\dfrac{z}{2}\cos\dfrac{z}{2}} = \dfrac{1}{2\sin\dfrac{z}{2}\cos\dfrac{z}{2}} = \dfrac{1}{\sin z}$

である. あとは a) の結果を使う.

第10章 §10

1. a) $\text{Res}(-2) = -2.$ $\displaystyle\oint_{C_1}$: 発散. $\displaystyle\oint_{C_2}$: 発散.

 b) 除去可能のもの以外について:
$\text{Res}\left(\dfrac{1+i}{\sqrt{2}}\right) = \dfrac{1-i}{2\sqrt{2}},\ \ \text{Res}\left(-\dfrac{1+i}{\sqrt{2}}\right) = -\dfrac{1-i}{2\sqrt{2}}.$
$\displaystyle\oint_{C_1} = -\dfrac{\pi}{2}(1+i),\ \ \oint_{C_2} = 0.$

 c) $\text{Res}(0) = -1,\ \text{Res}(1) = \dfrac{3}{2}e - 3.\ \ \displaystyle\oint_{C_1} = -2\pi i,\ \oint_{C_2} = (3e-8)\pi i.$
$\left(\text{Res}(\infty) = -\dfrac{1}{2\pi i}\displaystyle\oint_{|z|>1}\dfrac{e^z - 1}{z^2(z-1)^3}dz = -\text{Res}(0) - \text{Res}(1) = 4 - \dfrac{3}{2}e.\right)$

 d) $\cos\dfrac{1}{z} = 1 + O\left(\dfrac{1}{z^2}\right)$ から $\text{Res}(0) = 0.$ $\displaystyle\oint_{C_1} = 0,\ \oint_{C_2} = 0.$

 e) $\text{Res}(0) = \dfrac{1}{4},\ \ \text{Res}(3i) = 1,\ \ \text{Res}(-3i) = 1,\ \ \text{Res}(\infty) = -\dfrac{9}{4}.$
$\displaystyle\oint_{C_1} = \dfrac{\pi}{2}i,\ \oint_{C_2} = \dfrac{\pi}{2}i.$

f) $\mathrm{Res}\left(\dfrac{i}{n\pi}\right) = \lim\limits_{z\to \frac{i}{n\pi}} \dfrac{z - \dfrac{i}{n\pi}}{\sinh\dfrac{1}{z}} = \lim \dfrac{1}{-\dfrac{1}{z^2}\cosh\dfrac{1}{z}} = \dfrac{(-1)^n}{n^2\pi^2}\ (n \in \mathbf{Z}, n \neq 0)$,

$$\mathrm{Res}\,(\infty) = -\dfrac{1}{2\pi i}\oint_{|z|>\frac{1}{\pi}} \dfrac{dz}{\sinh\dfrac{1}{z}} = -\dfrac{1}{2\pi i}\oint_{|\zeta|<\pi}\dfrac{d\zeta}{\zeta^2 \sinh\zeta}$$

$$= -\dfrac{1}{2\pi i}\oint\left(\dfrac{1}{\zeta^3} - \dfrac{1}{6}\dfrac{1}{\zeta} + \cdots\right)d\zeta = \dfrac{1}{6}.$$

$z = 0$ は孤立特異点でないから留数は定義できない.

$$\oint_{C_1} = \oint_{C_2} = 2\pi i\left(-\dfrac{1}{6}\right) = -\dfrac{\pi}{3}i.$$

g) $\dfrac{1}{\sin^2 z} = \dfrac{1}{\sin^2(z-n\pi)} = \dfrac{1}{(z-n\pi)^2} + O\left(\dfrac{1}{(z-n\pi)^4}\right)$ であるから

$\mathrm{Res}\,(n\pi) = 0\ (n \in \mathbf{Z})$. $\oint_{C_1} = 0, \oint_{C_2} = 0.$

h) 除去可能のもの以外について:$\mathrm{Res}\,(n\pi) = (-1)^n \sinh(n\pi)$, $z = \infty$ は孤立特異点でないから留数は定義されない.

$$\oint_{C_1} = 0,\ \oint_{C_2} = -2\pi i \sinh\pi.$$

i) $\mathrm{Res}\,(0) = \dfrac{1}{e}$. $z = 1$ については

$$\dfrac{e^{\frac{1}{z-1}}}{z} = \dfrac{e^{\frac{1}{\zeta}}}{1+\zeta} = \cdots + \left(1 - \dfrac{1}{2!} + \dfrac{1}{3!} - \cdots\right)\dfrac{1}{\zeta} + \cdots$$

から $\mathrm{Res}\,(1) = 1 - \dfrac{1}{2!} + \dfrac{1}{3!} - \cdots = 1 - \dfrac{1}{e}$. $\oint_{C_1} = \dfrac{2\pi}{e}i,\ \oint_{C_2} = 2\pi i.$

j) $\mathrm{Res}\,(-1) = \dfrac{1}{0!} + \dfrac{1}{4!} + \dfrac{1}{8!} + \cdots,\ \mathrm{Res}\,(i) = -i\left(\dfrac{1}{1!} + \dfrac{1}{5!} + \dfrac{1}{9!} + \cdots\right)$,

$\mathrm{Res}\,(1) = -\left(\dfrac{1}{2!} + \dfrac{1}{6!} + \dfrac{1}{10!} + \cdots\right)$,

$\mathrm{Res}\,(-i) = i\left(\dfrac{1}{3!} + \dfrac{1}{7!} + \dfrac{1}{11!} + \cdots\right)$.

$\oint_{C_1} = 2\pi i\left(\mathrm{Res}\,(i) + \mathrm{Res}\,(-1) + \mathrm{Res}\,(-i)\right),\ \oint_{C_2} = \oint_{C_1} + 2\pi i\,\mathrm{Res}\,(1).$

練習問題の略解　**175**

2. $f(z) = \dfrac{3z^2 - 3}{z^5 + 32} = \dfrac{3z^2 - 3}{(z-a)(z-b)(z-c)(z-d)(z-e)}$

$= \dfrac{A}{z-a} + \dfrac{B}{z-b} + \cdots + \dfrac{E}{z-e}$

とすれば（例えば $a = 2e^{\frac{\pi}{5}i},\ b = 2e^{\frac{3\pi}{5}i},\ c = 2e^{\pi i},\ d = 2e^{\frac{7\pi}{5}i},\ e = 2e^{\frac{9\pi}{5}i}$），

$A = \operatorname{Res}(f, a) = \dfrac{3a^2 - 3}{(a-b)(a-c)(a-d)(a-e)}$，など．

3. a）$p = $ 偶数 $= 2n$ のとき $\dfrac{\pi}{2^{2n-1}}\dbinom{2n}{n}$，$p = $ 奇数のとき 0．

b）a）と同じ．

c）0．

d）2π．

e）$\dfrac{\pi}{2}$．

f）$|\rho| > 1$ のとき $\dfrac{2\pi}{\rho^2 - 1}$，$|\rho| < 1$ のとき $\dfrac{2\pi}{1 - \rho^2}$．

4. a）省略．

b）$p(z) = A(z - a_1)^{n_1}(z - a_2)^{n_2} \cdots (z - a_k)^{n_k}$，$A \neq 0$，$n_1 + n_2 + \cdots + n_k = n$，$|a_1| \geqq |a_2| \geqq \cdots \geqq |a_k|$ とする．$|z| > |a_1|$ ならば

$\dfrac{1}{p(z)} = \dfrac{1}{Az^n}\left(1 - \dfrac{a_1}{z}\right)^{-n_1} \cdots \left(1 - \dfrac{a_k}{z}\right)^{-n_k} = \dfrac{1}{Az^n}\left(1 + \dfrac{n_1 a_1 + \cdots + n_k a_k}{z} + O\left(\dfrac{1}{z^2}\right)\right)$

$= \dfrac{c_{-n}}{z^n} + \dfrac{c_{-n-1}}{z^{n+1}} + \cdots \quad \left(c_{-n} = \dfrac{1}{A},\ c_{-n-1} = \dfrac{n_1 a_1 + \cdots + n_k a_k}{A}\right)$．

したがって，$n \geqq 2$ ならば $\displaystyle\oint_C \dfrac{dz}{p(z)} = 0$．

5. $g(z) := f(-z)$ とすれば，

$\operatorname{Res}(f, a) = \dfrac{1}{2\pi i}\displaystyle\oint_{@a} f(\zeta)\,d\zeta = \dfrac{1}{2\pi i}\displaystyle\oint_{@a} f(-z)(-dz)$

$= \dfrac{1}{2\pi i}\displaystyle\oint_{@a} g(z)\,dz = \operatorname{Res}(g, -a)$．

6. a）留数定理を使って計算することもできる．しかし $\varphi = \theta + \pi$ と置けばこの積分は $\displaystyle\int_{-\pi}^{\pi}$（奇関数）$d\theta$ の形になるから，値が 0 であることが直ちにわかる．

b）積分の値にかかわる特異点は $z = \pm \pi i$ だけである（$z = 0$ は除去可能）．

$\operatorname{Res}(\pi i) = -\pi^2 - i(\pi + \sinh \pi), \quad \operatorname{Res}(-\pi i) = -\pi^2 + i(\pi + \sinh \pi)$

であるから $\oint_C = 4\pi^3 i$.

7. a) $\displaystyle\int_{-\infty}^{\infty} \frac{dz}{x^6+5} = \lim_{R\to\infty} \oint_{C_R} \frac{dz}{z^6+5}$

$= 2\pi i(\operatorname{Res}(z_1) + \operatorname{Res}(z_2) + \operatorname{Res}(z_3)) = \dfrac{2\pi}{3 \cdot 5^{\frac{5}{6}}}$

$(z_1 = 5^{\frac{1}{6}} e^{\frac{\pi}{6}i}, z_2 = 5^{\frac{1}{6}} e^{\frac{\pi}{2}i}, z_3 = 5^{\frac{1}{6}} e^{\frac{5\pi}{6}i})$.

b) $I = 2\pi i \left(\operatorname{Res}(a\,e^{\frac{\pi}{4}i}) + \operatorname{Res}(a\,e^{\frac{3\pi}{4}i}) \right) = \dfrac{\pi}{\sqrt{2}\,a} \quad (a > 0)$.

実数だけの範囲で不定積分の表を用いて求めようとするならば

$$I = \frac{1}{\sqrt{2}\,a} \lim_{R\to\infty} \int_0^R \left(\frac{x}{x^2 - \sqrt{2}\,ax + a^2} - \frac{x}{x^2 + \sqrt{2}\,ax + a^2} \right) dx$$

の形で計算すればよい.

8. $\displaystyle\int_0^\infty \frac{\cos x}{x^2+a^2} dx = \lim_{R\to\infty} \frac{1}{2} \oint_{C_R} \frac{e^{iz}}{z^2+a^2} dz = \dfrac{\pi\,e^{-a}}{2a}$.

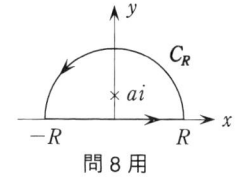

問8用

9. $\dfrac{\pi}{4}$.

10. a) -26π.

b) $\dfrac{\pi}{512} \quad \left(\left(\dfrac{z}{1+4z^2} \right)^4 = \dfrac{1}{8^4} \left(\dfrac{1}{z - \dfrac{i}{2}} + \dfrac{1}{z + \dfrac{i}{2}} \right)^4 \right)$.

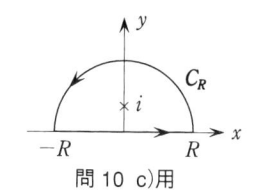

c) $\displaystyle\lim_{R\to\infty} \frac{1}{2} \oint_{C_R} \frac{e^{iz}}{(z^2+1)^5} dz = \dfrac{133}{384} \dfrac{\pi}{e}$.

問10 c)用

11. $\displaystyle\oint \frac{e^{i\omega z}}{\cosh z} dz = \int_{C_1} + \int_{C_2} + \int_{C_3} + \int_{C_4}$

$= 2\pi i \operatorname{Res}\left(\dfrac{\pi}{2}i\right)$

$= 2\pi e^{-\frac{\pi\omega}{2}}$.

$\displaystyle\int_{C_3} = e^{-\pi\omega} \int_{C_1}$ である. $R \to \infty$ の極限をとれば $\displaystyle\int_{C_1} \to \sqrt{2\pi} F(\omega)$,

$\displaystyle\int_{C_2} \to 0, \int_{C_4} \to 0$ であるから $F(\omega) = \sqrt{\dfrac{\pi}{2}} \dfrac{1}{\cosh \dfrac{\pi\omega}{2}}$.

12. $\oint_{C_R} \dfrac{dz}{1+z^n} = \int_0^R \dfrac{dx}{1+x^n} + \int_0^{\frac{2\pi}{n}} \dfrac{iR\,e^{i\varphi}}{1+R^n\,e^{in\varphi}}\,d\varphi + \int_R^0 \dfrac{e^{i\frac{2\pi}{n}}}{1+r^n}\,dr.$

$R \to \infty$ とすれば,右辺の第 2 の積分は 0 に収束するから,

$$\text{右辺} \to (1 - e^{i\frac{2\pi}{n}}) \int_0^\infty \dfrac{dx}{1+x^n} = 2\pi i\,\mathrm{Res}\,(e^{i\frac{\pi}{n}})$$

$$= -\dfrac{2\pi i}{n} e^{i\frac{\pi}{n}}.$$

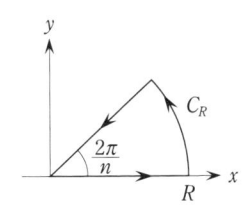

したがって $\displaystyle\int_0^\infty \dfrac{dx}{1+x^n} = \dfrac{\dfrac{\pi}{n}}{\sin \dfrac{\pi}{n}}.$

13. a) $\sqrt{z} = \zeta$ と置けば,

$$\int \dfrac{dz}{z(\sqrt{z}-2)} = \int \left(\dfrac{1}{\zeta-2} - \dfrac{1}{\zeta} \right) d\zeta = \log\left(1 - \dfrac{2}{\zeta}\right).$$

$z = 1 + iy$ とすれば,$\sqrt{z}$ の主分枝の表式(§2, 2.8 参照)から,$y \to \pm\infty$ のとき,$1 - \dfrac{2}{\zeta} = 1$ となるから,$\displaystyle\int_{C_1} = 0.$

$$\int_{C_2} + \int_{C_3} = \int_{C_1} = 0$$

および,

$$\int_{C_3} = 2\pi i\,\mathrm{Res}\,\left(\dfrac{1}{z(\sqrt{z}-2)}, 4 \right) = 2\pi i$$

(§9,練習問題 8 参照)から,

$$\int_{C_2} = -2\pi i.$$

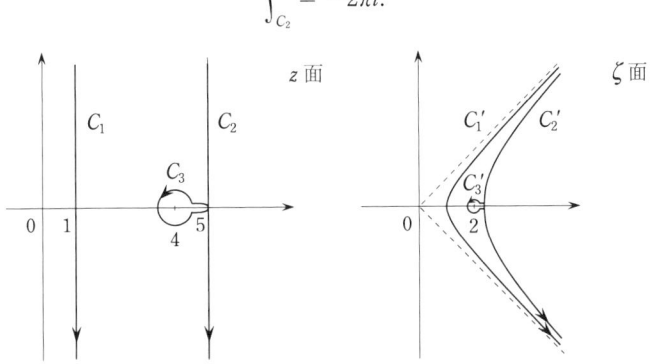

b) $z = re^{i\varphi}$, $0 < \varphi < \dfrac{\pi}{2}$ から,$\sqrt{z} = \sqrt{r}\,e^{i\theta}$, $0 < \theta < \dfrac{\pi}{4}$.

$$\zeta = \sqrt{z}, \quad w = \frac{1}{\zeta - 2}.$$

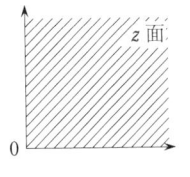

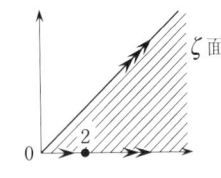

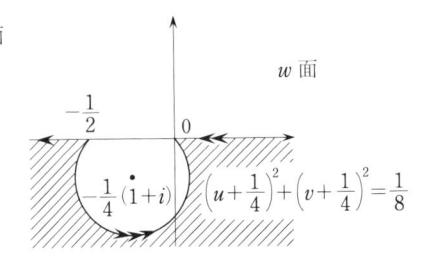

z 面 ζ 面 w 面

$\left(u+\dfrac{1}{4}\right)^2 + \left(v+\dfrac{1}{4}\right)^2 = \dfrac{1}{8}$

14. $\displaystyle\oint \frac{e^{i\omega z}}{(1+z)(1+z^2)}\,dz$

$= \displaystyle\int_{C_1} + \int_{C_2} + \int_{C_3} + \int_{C_4}$

$= 2\pi i\,\mathrm{Res}\,(i)$

$= \dfrac{\pi}{2}(1-i)\,e^{-\omega}.$

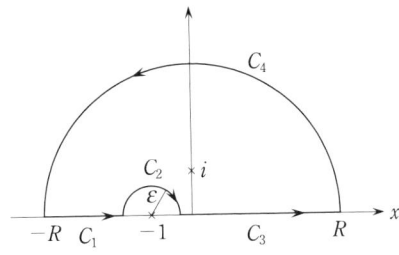

$\displaystyle\int_{C_1} + \int_{C_3} \xrightarrow[\varepsilon \to 0]{R \to \infty} \mathrm{P}\int_{-\infty}^{\infty} \frac{e^{i\omega x}}{(1+x)(1+x^2)}\,dx,$

$\displaystyle\int_{C_2} \xrightarrow{\varepsilon \to 0} -i\,\frac{\pi}{2}e^{-i\omega}, \quad \int_{C_4} \xrightarrow{R \to \infty} 0$

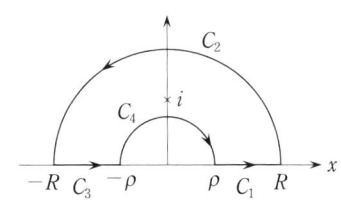

から $\displaystyle\mathrm{P}\int_{-\infty}^{\infty} \frac{\cos\omega x}{(1+x)(1+x^2)} = \frac{\pi}{2}e^{-\omega}.$

15. $\displaystyle\oint \frac{(\mathrm{Log}\,z)^2}{1+z^2}\,dz = \int_{C_1} + \int_{C_2} + \int_{C_3} + \int_{C_4} = 2\pi i\,\mathrm{Res}\,(i) = 2\pi i\,\dfrac{\left(\dfrac{\pi}{2}i\right)^2}{2i}$

$= -\dfrac{\pi^3}{4}.$

$\displaystyle\int_{C_1} \xrightarrow[\varepsilon \to 0]{R \to \infty} \int_0^{\infty} \frac{(\ln x)^2}{1+x^2}\,dx,$

$\displaystyle\int_{C_2} \xrightarrow{R \to \infty} 0,$

$$\int_{C_4} \xrightarrow{\rho \to 0} 0,$$

$$\int_{C_3} = \int_R^\rho \frac{(\ln r + i\pi)^2}{1+r^2}(-dr) = \int_\rho^R \frac{(\ln r)^2 + i2\pi \ln r - \pi^2}{1+r^2} dr$$

$$\xrightarrow[\rho \to 0]{R \to \infty} \int_0^\infty \frac{(\ln r)^2}{1+r^2} dr + 2\pi i \int_0^\infty \frac{\ln r}{1+r^2} dr - \pi^2 \int_0^\infty \frac{dr}{1+r^2}$$

$$= \int_0^\infty \frac{(\ln x)^2}{1+x^2} dx + 2\pi i \cdot 0 - \pi^2 \cdot \frac{\pi}{2}.$$

したがって $\int_0^\infty \frac{(\ln x)^2}{1+x^2} = \frac{\pi^3}{8}$.

16. $f(t) = \sum\limits_{n=0}^\infty c_n t^n$ とすれば $F(s) = \int_0^\infty e^{-st} f(t)\, dt = \sum\limits_{n=0}^\infty c_n \frac{n!}{s^{n+1}}$.

一方, $\frac{1}{\sqrt{1+s^2}} = \frac{1}{s}\left(1 + \frac{1}{s^2}\right)^{-\frac{1}{2}} = \sum\limits_{m=0}^\infty \binom{-\frac{1}{2}}{m} \frac{1}{s^{2m+1}}$.

比較して $c_{2m} = \frac{1}{(2m)!}\binom{-\frac{1}{2}}{m}$, $c_{2m+1} = 0$ $(m = 0, 1, 2, \cdots)$.

17. $\int_C \frac{e^{st}}{s-a} = \lim\limits_{R \to \infty} \int_{C_1}$

$$= \lim_{R \to \infty}\left(\int_{C_1} + \int_{C_2}\right) - \lim_{R \to \infty} \int_{C_2}$$

$$= 2\pi i \operatorname{Res}(a) - 0 = 2\pi i\, e^{at}.$$

したがって $f(t) = \frac{1}{2\pi i} \int_C \frac{e^{st}}{s-a} ds = e^{at}$.

確かに $\int_0^\infty e^{-st} f(t)\, dt = \frac{1}{s-a} = F(s)$ である.

18. 省略.

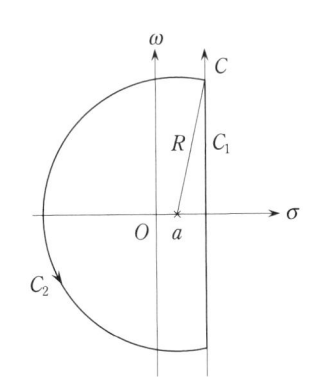

索　引

あ　行

安定性　92
位数　110, 111
一意性　92
1 次分数関数　27
一様収束　43
一致の定理　79
n 乗根　3, 25
円円対応性　28
オイラーの公式　21

か　行

解析関数　48
解析関数の平均値　82
解析的写像　50
解析的部分　110
重ね合わせの原理　54
加法定理　21, 23
基本解　99
鏡映　34
共役複素数　2
境界　4
境界点　4
共形　50
鏡像　34
極　110, 111, 113
極限値　15
極座標表示　2
極座標を用いた表現　56
虚軸　2
虚部　1
近傍　3
クッタ–ジューコフスキー翼型　52
グルサ　67

係数　42
原始関数　60
コーシー　67
コーシーの主値　133
コーシーの積分公式　72, 76
コーシーの積分定理　67
コーシー–リーマンの微分方程式　48
孤立点　5
孤立特異点　110
コンパクト　5, 135

さ　行

最大値原理　82, 91
差分法　102
CR 方程式　48
CR 方程式（極座標）　56
次数　81
実軸　2
実部　1
写像の性質　22
周期性　21, 23
集積点　5
収束円　42
収束図　106
収束半径　42, 47
重調和方程式　59
ジューコフスキー写像　51
ジューコフスキー翼型　57
主値　2
主要部　110
循環　61
循環流　53, 65
除去可能　110
除去可能な特異点　112
真性特異点　110, 111, 115

積分　60
絶対収束　41
絶対値　2
双曲線関数　23
速度ポテンシャル　52

た　行

代数学の基本定理　81, 136
対数の分枝　18
単純閉曲線　67
単連結　4, 67
中心　42
調和関数　87
調和関数の平均値　90
調和共役　88
通過量　61
テイラー級数　78
テイラー展開式　78
ディリクレ問題　92
伝達関数　138
等角　50
等角性　28
等ポテンシャル線　52

な　行

ナイキストの安定条件　138
二重わき出し流　54
ノイマン（C.G.）の公式　87

は　行

発散　41
フィードバック系　139
微分可能　46
複素数体　1
複素積分　61
複素平面　1, 2
複素（速度）ポテンシャル　52
複素ポテンシャルの移しかえの原理
　　54
平均値　82, 90

平行流　53
閉包　5
べき級数　42, 47
ベルヌーイ数　79
ベルヌーイの法則　65
偏角　2
偏角の原理　136, 138
ポアソンの積分公式　98
ポテンシャル　52
ポテンシャル関数　87
ポテンシャル方程式　87

ま　行

巻き数　137
向き不変　50
向き不変性　28
無限級数　41
メービウス写像　51, 96
メービウス変換　27
モデル問題　96
モデル領域　95

や　行

ヤコビ行列　49
有界　3, 5
有理型　134
揚力　52
揚力公式　66

ら　行

ラプラス演算子　56
ラプラスの方程式　87
リウヴィルの定理　81
リーマン和　60
留数　123
流線　53
領域　3
ルシェの定理　135
零点　22, 113
零点と極の個数　135

零点の次数　81
レムニスケート　75
連結　3
連珠形　75
6点公式　30, 96
ロドリーグの公式　86

ローラン級数　104
ローラン展開　103

わ　行

和　41
わき出し流　53

訳者略歴

高見 穎郎 (たかみ ひでお)

1952年　東京大学理学部物理学科卒業
1961年　東京大学理学博士
2019年　逝去
　　　　東京大学名誉教授

主要著訳書

複素関数の微積分 （講談社，1987年）
偏微分方程式の差分解法 （共著，東京大学出版会，1994年）
工科系の数学 1　数，ベクトル，関数
　　　　　　　　　　　　　　　　（サイエンス社，1996年）
工科系の数学 2　微分積分 （共訳，サイエンス社，1996年）

工科系の数学
6　関 数 論

1999年12月25日 ⓒ　　　　　初 版 発 行
2024年 9 月10日　　　　　　初版第 7 刷発行

著 者　マイベルク
　　　　ファヘンアウア　　発行者　森 平 敏 孝
　　　　　　　　　　　　　印刷者　小宮山恒敏
訳 者　高 見 穎 郎
発行所　株式会社 サイエンス社
〒151-0051　東京都渋谷区千駄ヶ谷 1 丁目 3 番25号
営 業 ☎ （03）5474-8500（代） 振替00170-7-2387
編 集 ☎ （03）5474-8600（代）
FAX ☎ （03）5474-8900

サイエンス社のホームページのご案内
http://www.saiensu.co.jp
ご意見・ご要望は
rikei@saiensu.co.jp まで．

印刷・製本　小宮山印刷工業㈱
≪検印省略≫
本書の内容を無断で複写複製することは，著作者および出版社の権利を侵害することがありますので，その場合にはあらかじめ小社あて許諾をお求めください．

ISBN 4-7819-0889-6

PRINTED IN JAPAN

KeyPoint&Seminar
工学基礎 複素関数論
矢嶋・及川共著　2色刷・Ａ5・本体1850円

基本 複素関数論
坂田　洸著　2色刷・Ａ5・本体1500円

複素関数の基礎
寺田文行著　Ａ5・本体1600円

複素関数概説
今吉洋一著　Ａ5・本体1600円

数理科学のための 複素関数論
畑　政義著　2色刷・Ａ5・本体2300円

複素関数論入門
磯　祐介著　2色刷・Ａ5・本体1700円

フーリエ解析とその応用
洲之内源一郎著　Ａ5・本体1480円

フーリエ解析・ラプラス変換
寺田文行著　Ａ5・本体1200円

＊表示価格は全て税抜きです．

サイエンス社

ガイダンス 応用解析
ベクトル解析・複素関数・フーリエ解析・微分方程式
　　　　長澤壯之著　2色刷・A5・本体2150円

レクチャー 応用解析
微分積分学の展開
　　　　三町勝久著　2色刷・A5・本体1950円

初等応用解析
　　　　高橋健人著　A5・本体1165円

応用解析入門
　　　　寺田文行著　A5・本体1300円

ナビゲーション 応用解析
　　　　河村哲也著　2色刷・A5・本体1850円

物理学のための応用解析
　　　　初貝安弘著　B5・本体1900円

＊表示価格は全て税抜きです．

サイエンス社

線形代数演習［新訂版］
横井・尼野共著　Ａ５・本体1980円

解析演習
野本・岸共著　Ａ５・本体1845円

微分方程式演習［新訂版］
加藤・三宅共著　Ａ５・本体1950円

演習と応用 関数論
寺田・田中共著　２色刷・Ａ５・本体1600円

演習応用解析
洲之内・寺田・網屋・小島共著　Ａ５・本体1553円

代数演習［新訂版］
横井・硲野共著　Ａ５・本体1950円

数値解析演習
山本・北川共著　Ａ５・本体1900円

理工基礎 演習 集合と位相
鈴木晋一著　２色刷・Ａ５・本体1850円

集合・位相演習
篠田・米澤共著　Ａ５・本体1800円

＊表示価格は全て税抜きです．

サイエンス社

―――――― 新版 演習数学ライブラリ ――――――

新版 演習線形代数
寺田文行著　　2色刷・A5・本体1980円

新版 演習微分積分
寺田・坂田共著　　2色刷・A5・本体1850円

新版 演習微分方程式
寺田・坂田共著　　2色刷・A5・本体1900円

新版 演習ベクトル解析
寺田・坂田共著　　2色刷・A5・本体1700円

＊表示価格は全て税抜きです．

―――――― サイエンス社 ――――――

マイベルク／ファヘンアウア
工科系の数学

1 **数，ベクトル，関数**
　高見穎郎訳　　　　　　　　　Ａ５・本体1700円

2 **微分積分**
　高見穎郎・薩摩順吉共訳　　　Ａ５・本体1800円

3 **線形代数**
　薩摩順吉訳　　　　　　　　　Ａ５・本体1800円

4 **多変数の微積分**
　－ベクトル解析－
　及川正行訳　　　　　　　　　Ａ５・本体1800円

5 **常微分方程式**
　及川正行訳　　　　　　　　　Ａ５・本体2300円

6 **関数論**
　高見穎郎訳　　　　　　　　　Ａ５・本体2200円

別巻 確率と統計
　飯塚悦功著

＊表示価格は全て税抜きです．

サイエンス社